KB143721

장수하늘소
날개를 펴다

장수하늘소 날개를 펴다

장수하늘소 복원기 — 첫 걸음

이대암 지음

성균관대학교 출판부

차례

장수하늘소 날개를 펴다

1강
장수하늘소가
나타났다

잘 몰라서 신고하는 건 그래도 괜찮다. 어떤 사람들은 자기가 지금 장수하늘소를 잡았는데 얼마를 주겠느냐고 흥정까지 하는 전화를 받으면 그저 황당할 뿐이다.

여름철만 되면 여기저기서 장수하늘소가 나타났다는 전화가 수십 통씩 걸려온다. 물론 대부분 엉터리 제보 전화다. 뻔히 아닌 줄 알면서도 받을 때마다 '혹시나' 하다가 가보면 또 '역시나'다. 하지만 만우절날 소방서에 걸려오는 장난전화처럼 고의로 그러는 것이 아니기 때문에 시간을 뺏기기는 해도 일반인들이 그만큼 장수하늘소에 관심을 가져주는 것 같아 그런 전화가 귀찮기만 한 것은 아니다. 요즘은 그나마 시골에 사는 사람들도 너나 할 것 없이 핸드폰 카메라가 있어서 멀리까지 달려가지 않아도 되었지만 예전에는 몇 시간씩 차를 타고 다른 시·군까지 가

장수하늘소
(65~110mm)

참나무하늘소
(45~52mm)

뽕나무하늘소
(35~45mm)

버들하늘소
(30~57mm)

하늘소
(34~57mm)

서 직접 확인해야 하는 때가 있었다.

잘 몰라서 신고하는 건 그래도 괜찮다. 어떤 사람들은 자기가 지금 장수하늘소를 잡았는데 얼마를 주겠느냐고 흥정까지 하는 전화를 받으면 그저 황당할 뿐이다. 장수하늘소는 천연기념물이기 때문에 마음대로 사고팔 수 있는 게 아니다. 그것도 실제 장수하늘소를 잡아놓고 그렇다면 또 모르겠다. 먼 길을 가서 직접 확인해보면 대부분 버들하늘소나 미끈이하늘소이기 일쑤이다.

그래도 그건 나은 편이다. 어떤 사람들은 사슴벌레나 장수풍뎅이를 잡아놓고 장수하늘소를 잡았다고 신고하는 사람도 있다. 난 그럴 때마다 허탈감보다는 아, 뭔가 정보 전달이, 아니면 교육이 잘못됐구나 하는 생각에 항상 마음이 무거웠다. 요즘은 누구나 핸드폰으로 검색만 해도 장수하늘소가 어떻게 생겼는지 잘 알 수 있을 텐데… 하긴 전문적인 지식 없이 사진만으로 구별하는 것도 쉽지만은 않을 것이다. 그럼 차제에 장수하늘소가 보통 하늘소들과 어떻게 다른지 한번 알아보도록 하자.

우선 하늘소라는 이름은 중국식 표기인 천우(天牛)를 그

아무튼 전 세계 20,000종이 넘는 하늘소 중에서 장수하늘소보다 큰 것은 불과 2~3종에 불과하니, 곤충의 세계에서 장수하늘소의 위상이 어느 정도인지는 가히 짐작할 수 있을 것이다.

대로 한역한 것이다. 물론 그전부터도 이름이 있었겠지만 우리나라에서는 조선후기 실학자 이가환(李家煥) 부자가 쓴 「물보(物譜, 1802)」에 처음 등장하는 것 같다. 그러면 왜 고대로부터 하늘소를 천우라고 불렀을까? 여기서 우리는 옛사람들의 날카로운 관찰력을 엿볼 수 있다. 하늘소의 얼굴을 자세히 들여다보면 소의 얼굴과 많이 닮았다. 그래서 하늘을 나는 소라 하여 '천우'라고 이름 지은 것 같다.

혹자는 하늘소나 소나 모두 사람이 소화시킬 수 없는 셀룰로즈(Cellulose)를 먹기 때문에 섬유질을 분해하는 장내 박테리아의 공통점이 있어서라는 설도 있지만, 글쎄, 과연 옛사람들의 지식이나 생각이 거기까지 미쳤는지는 잘 모르겠다. 자연과학이 오늘날처럼 보편화되지 않았던 예전에는 하늘소를 돌다래미, 또는 돌드레라고 부르기도 했다. 이는 짓궂은 아이들이 하늘소의 긴 더듬이를 손으로 잡고 땅바닥에 갖다 대면 하늘소가 발버둥치면서 돌을 잡고 굴리기 때문에 붙여진 이름이다. 지금도 강원도 지역에서는 돌다래미라고 해야 알아듣는다. 현재 북한에서의 학술상 정식 명칭도 돌드레이다. 그래서 북한에서는 장수하늘소를 '장수돌드레'라 부른다.

하늘소는 전 세계에 약 20,000여 종 이상이 알려져 있는데. 중국에만 약 1,900여 종이 알려져 있고, 일본에는 약 800여 종이 기록되어 있다. 그리고 우리나라에는 비교적 적은 350여 종의 하늘소가 기록되어 있다. 아무튼 전 세계 20,000종이 넘는 하늘소 중에서 장수하늘소보다 큰 것은 불과 2~3종에 불과하니, 곤충의 세계에서 장수하늘소의 위상이 어느 정도인지는 가히 짐작할 수 있을 것이다. 이 세상에서 가장 큰 하늘소는 페루에 사는 대왕턱장수하늘소(*Macrodontia cervicornis*)와 16.7센티의 기록을 갖고 있는 타이탄하늘소(*Titanus giganteus*)이다.

우리나라 하늘소는 분류학상 7아과로 구분되는데, 즉, 깔따구하늘소아과(*Disteninae*), 톱하늘소아과(*Prioninae*), 검정하늘소아과(*Spondylidinae*), 꽃하늘소아과(*Lepturinae*), 벌하늘소아과(*Necydalinae*), 하늘소아과(*Cerambycinae*), 목하늘소아과(*Laminae*)이다. 장수하늘소는 이 중에 톱하늘소아과에 속한다.

톱하늘소아과	꽃하늘소아과	검정하늘소아과	하늘소아과	목하늘소아과	깔따구하늘소아과	벌하늘소아과

우리나라 하늘소 7개 아과

타이탄하늘소
Titanus giganteus(16~18cm)

대왕턱하늘소
Macrodontia cervicornis(15~17cm)

커비코르니스 대왕턱하늘소는 사슴벌레처럼 턱이 집게처럼 발달하여
붙여진 이름인데, 기록적인 사이즈의 관건은 이 턱의 길이에 의해 결정된다.

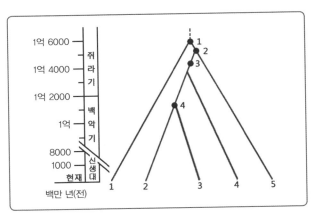

1) 톱하늘소아과 2) 꽃하늘소아과 3) 검정하늘소아과
4) 하늘소아과 5) 목하늘소아과
장수하늘소가 속한 톱하늘소아과가 가장 먼저 발생했다.
약(1억 6천만 년 전)

계통분류학자들은 장수하늘소가 속한 톱하늘소아과의 발생 시기를 약 1억 6천만 년 전쯤으로 보고 있는데, 이는 7개 하늘소아과 중에서 가장 초기에 발생한 원시적인 그룹이라는 것을 의미한다.

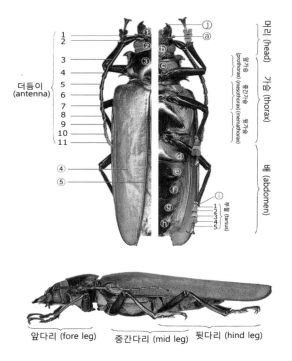

① 윗입술 ② 후두 ③ 전흉배판 ④ 딱지날개 ⑤ 회합선
ⓐ 아랫입술수염 ⓑ 인후 ⓒ 전흉복판
ⓓⓔⓕⓖⓗ 복부복판 ⓘ 부절 ⓙ 큰턱

장수하늘소 각 부 명칭도

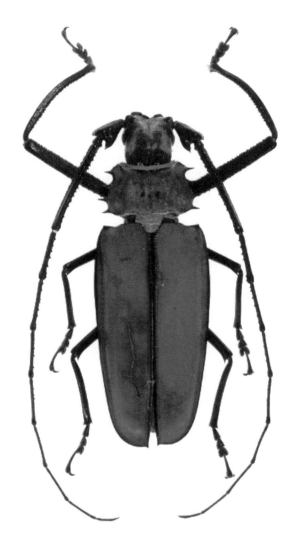

아밀라투스하늘소(몸길이 115mm, 더듬이 길이 148mm)
Callipogon armillatus

1.

가장 큰 갑충,
장수하늘소

하늘소의 크기는 그야말로 천차만별이다. 우리나라의 경우, 작은 것은 3mm짜리도 있고 제법 대형에 속하는 것들은 60~70mm정도이다. 일반인들이 간혹 혼돈하는 것 중에는 처음에 작게 나온 하늘소가 점점 커지는 줄 아는 경우가 있는데, 곤충은 일단 성충이 된 후에는 더 이상 성장하지 않는다. 따라서 성충의 크기는 유충의 크기에 의해 이미 결정된다고 보면 된다. 간혹 발육이 부진하여 성충이 작게 태어나거나 또는 약간 평균 사이즈보다 크게 태어나는 경우가 종종 있긴 하지만 종마다 거의 일정한 크기로 우화하기 때문에 곤충의 크기는 종을 판명하는 데 있어서도 중요한 척도가 되기도 한다. 장수하늘소는 그 크기가 큰 것은 10cm가 넘는 것도 있다. 이는 우리나라뿐만 아니라 구북구(palaearctic)에서는 가장 큰 대형 하늘소이다.

구북구란 생물의 지리학적 분포 특성에 따라 지구 대륙을 8개의 생물지리구로 나눈 구역 중에서 유라시아 대

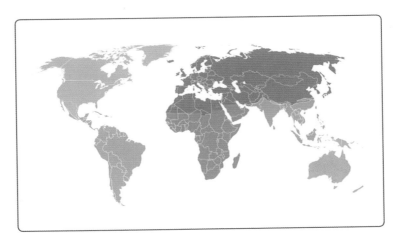

- 🔵신북구: 북아메리카 대부분
- 🔴구북구: 유라시아와 북아프리카 대부분
- 🟢에티오피아구: 사하라 이남의 아프리카
- 🟣동양구: 아프가니스탄, 파키스탄, 인도, 동남아시아
- 🟠오스트레일리아구: 호주, 뉴기니 섬 및 이웃도서
- 🔵신열대구: 남아메리카와 카리브제도
- ⚪오세아니아구: 폴리네시아, 피지, 미크로네시아
- ⚪남극구: 남극대륙
오세아니아구와 남극구는 지도에 표기되지 않음

륙의 히말라야 산맥 이북지역을 말한다. 최근 세계자연보호기금(WWF)은 구북구의 영역을 유라시아는 물론 북아프리카까지 확대 포함시키고 있는데, 이는 약 5,410㎢에 해당하는 면적으로서 8개 생물지리구 중에서 가장 넓은 영역을 차지하고 있다.

구북구의 식물상의 특징은 온대 낙엽수림과 침엽수림, 그리고 온대초원(스텝)이 남쪽 대부분을 차지하고, 북쪽은 광활한 툰드라대로 이루어져 있다. 구북구의 곤충상을 한마디로 규정하기란 어렵지만 그래도 신열대구(중남미권)나 에티오피아구(아프리카권), 그리고 동양구(인도 및 동남아시아)와 비교한다면 유라시아 및 동북아시아권의 곤충들은 색상이 그다지 화려하지 않고 크기도 별로 크지도 않은 것들이 많은 편이다. 물론 여기에 예외가 있다면 서슴지 않고 바로 장수하늘소를 들 수 있다.

장수하늘소의 동북아 분포 특징

장수하늘소는 지금까지 서울 북한산(1934, 1961), 경기도 광릉과 강원도 양구, 화천, 춘천(1937), 소금강(1971), 남한산성 외에는 공식적으로 발견된 적이 없다. 즉, 극동 러시아와 중국 동북부 일원에 걸쳐 분포하는 장수하늘소는 북위 37° 30'이 분포의 남방한계선이라 할 수 있다.

반면 러시아 하바롭스크(48° 42' N) 인근이나 내몽골 등이 북방한계선이며 동쪽으로는 블라디보스톡 동해 연안, 그리고 중국의 허베이성(河北省)이 서쪽 분포 한계지점이다. 중국 지역에서는 북동부의 북한과 접한 접경지 지린성(吉林省), 랴오닝성(遼寧省)과 러시아와 접경한 헤이룽장성(黑龍江省) 등에 분포한다. 따라서 지금까지 알려진 장수하늘소의 지리학적인 분포를 정리하면 장수하늘소는 대략 북위 37도~49도 사이, 동경 126도~140도 범위 내에 분포함을 알 수 있다.

지도상에서만 보면 꽤 광범위한 분포 영역처럼 보이지만 곤충의 분포는 매우 다양해서 어떤 종은 전 세계적으로 분포하는가 하면 어떤 종은 매우 한정된 지역에만 분포하는 경우도 있다. 예를 들어 배추흰나비 *Pieris rapae*는 동북아시아는 물론 유럽과 북미대륙에 넓게 분포하는가 하면 천연기념물 458호 산굴뚝나비*Hipparchia autonoe*는 세계적으로 제주도 한라산 정상 일부와 동북아시아 일원의 고지대에만 국지적으로 분포하는 특성이 있다. 장수하늘소 역시 그 분포 영역대가 다른 곤충에 비해 매우 협소한 편이며 또한 지역에 따라 격리되어 있는 특성을 보이고 있다. 그것은 무엇보다도 장수하늘소가 살아가는 숲의 환경과 직접적인 영향이 있다고 할 수 있다.

내몽골

하바롭스크

우수뤼스크

동해

황해

장수하늘소 분포도

2.
살아 있는 화석,
장수하늘소

    태초에 지구는 태양의 주위를 맴돌던 먼지와 암석덩이들이 뭉치면서 하나의 구체로 형성되었다. 생성 초기의 지구 환경은 충돌하는 외행성의 폭발로 인한 수증기나 이산화탄소의 온실효과로 인해 온도가 무려 1000℃까지 올라갔고 암석은 녹아 마그마의 바다가 형성되어 있었다. 학자들은 그 시기를 약 45억 년 전으로 추정하고 있는데, 그 초기 지구의 뜨거운 불덩이가 식어 생명체가 처음으로 출현하기까지는 무려 10억 년이라는 긴 시간을 필요로 했다.

    현재까지 알려진 바에 의하면, 지구에서의 생명체의 출현은 외부로부터의 자극이나 접촉에 의해 유발된 것으로 보는 것이 정설이다. 왜냐하면, 산소가 부족했던 초기 지구의 환경은 생명을 잉태시키기 위한 필수 요소인 붕산 (H3BO3: boric acid)과 몰리브덴(Mo)이 희박했다는 것이다. 당시 지구는 지금처럼 물이 많은 행성도 아니었는데 주성분이 얼음으로 구성된 수많은 원시 혜성과 소행성의 추락으로 인해 바다가 형성되었을 것으로 학자들은 추정하고 있다. 어찌 보면, 지구에서 생명체가 잉태하게 된 축복은 10억 년 동안 수많은 혜성과 소행성들한테 실컷 두들겨 맞으며 치른 값비싼 대가(?)인지도 모른다.

지구에서의 생명체의 시작은 처음엔 박테리아 단계부터 출발했지만 약 5억 1000만 년 전쯤 되면서부터는 드디어 육상식물이 출현하기 시작했다. 그리고 곤충은 식물이 출현하고 나서 약 1억 년 후인 4억 년 전쯤 출현한 것으로 알려지고 있다. 3억 2천만 년 전에는 파충류가 등장하기 시작했고, 약 2억 3천만 년 전에는 지구상에 가장 거대한 동물군인 공룡이 등장했다. 소위 만물의 영장이라는 영장류의 등장은 에오세(2천 5백만 년) 초기인 5600만 년 전이 돼서야 나타났는데, 이는 45억 년이라는 긴 지구의 나이를 감안하면 겨우 0.012%에 해당하는 일천한 역사에 불과하다. 2억 3천만 년 전에 나타났던 공룡은 6천

5백만 년쯤 전에 돌연히 지구상에서 사라져버렸는데, 전 지구에 광범위하게 분포하던 공룡이 이렇게 갑작스럽게 사라진 이유에 대해서는 6천 5백만 년 전에 멕시코의 유카탄 반도에 떨어졌던 칙술루브(Chicxulub) 소행성에 의한 충돌을 직접적인 원인으로 꼽고 있다. 불행인지 다행인지 모르겠으나 우리 인간의 조상인 유인원은 공룡이 다 사라지고 난 뒤에서야 등장했기 때문에 인간과 공룡은 서로 만난 적이 없다. 따라서 가끔 유인원들이 공룡들에게 잡아먹히거나 공룡을 상태로 싸우는 영화들은 모두 픽션에 불과하다.

45억 년 역사 중에서 지구에는 그동안 5번의 생물 대멸종사건이 발생했는데, 그것은 바로 '오르도비스기 대멸종'(약 4억 4천만 년 전), '데본기 대멸종'(약 3억 6천만 년 전), '페름기 대멸종'(약 2억 5천만 년 전), '트라이아스기 대멸종'(약 2억 년 전), '백악기 대멸종'(약 6천 5백만 년 전)이다. 이 중, 오르도비스기 대멸종의 원인은 우리 태양계 인근의 초신성 폭발로 인한 감마선 누출과 과다한 자외선 투과가 빙하기를 초래함으로써 유발된 현상으로 육상과 해양 생물체 70%가 이로 인해 멸종한 것으로 여겨진다.

그런가 하면, '데본기 대멸종' 때는 바다의 용존산소량이 부족해지고 해수면이 상승하면서 지구상의 75%의 종이 멸종했다. '페름기 대멸종'은 운석충돌과 화산폭발, 그로 인한 산성비 강하로 인해 육상생물의 80%와 해양생물 90%가 멸종했다. 또한 '트라이아스기 대멸종'은 지각변동과 화산폭발이 주원인으로써 이때 지구 생명체의 약 46%가 멸종했다. 끝으로 '백악기 대멸종'은 소행성의 충돌이 가장 최근의 정설로 받아들여지고 있는데 이로 인해 대부분의 파충류와 모든 공룡이 멸종했다. 이 가설을 뒷받침하는 과학적인 근거가 멕시코 칙술루브에 떨어진 거대한

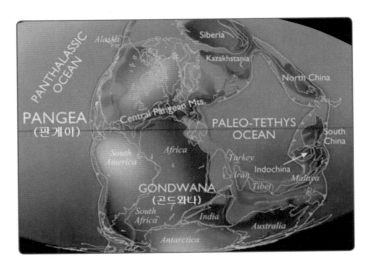

2억 5천만 년 전의 지구

초대륙 판게아

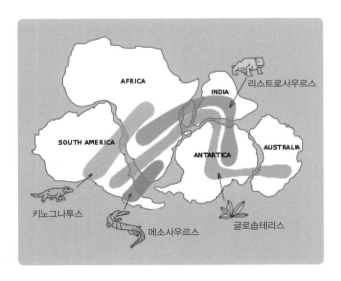

남쪽 곤드와나대륙

장수하늘소, 날개를 펴다

소행성이 직접적인 원인이었다는 사실이 최근 〈Nature〉와 〈Science〉 논문들을 통해 증명되었다.

만일 곤충이 4억 8천만 년 전에 출현했다는 최근의 학설을 정설로 받아들인다면, 곤충은 이 다섯 번의 대멸종사건에도 불구하고 살아남은 가장 성공적인 분류군이라 할 수 있다. 곤충이 이처럼 성공적으로 살아남아 현재 지구상 동물 종의 80%를 차지하게 된 원인은 무엇보다도 몸집의 크기를 소형화로 채택한 생존전략이 유효했던 것 같다. 실제로 초기에 출현했던 잠자리(메가네우라)는 편날개의 길이가 70cm나 되는 대형이었다.

최초의 곤충 유형인 날개 없는 무리들(무시류)이 거미류와 함께 출현하기 시작한 것이 약 3억 8000만 년 전이며, 2억 8000만 년 전쯤인 석탄기에 와서야 날개 달린 곤충(유시류)이 등장하기 시작했다. 잠자리와 바퀴벌레들도 이때 출현했다. 하늘소나 풍뎅이, 사슴벌레처럼 앞날개가 딱딱한 딱지날개로 이루어진 딱정벌레 무리는 약 2억 4천만 년 전인 페름기에 등장한 것으로 보고 있다. 따라서 장수하늘소도 이때 출현했을 것으로 보이는데, 이때 지구는 초대륙 판게아가 형성된 시기여서 하나의 거대 대륙으로 구성되어 있을 때이다. 이 초대륙 판게아가 1억

대	기		절대연대 (단위: 백만년전)	생물의 출현
신생대	제4기	홀로세	00.1	호모사피엔스 출현
		플라이스토세	1.6~0.01	가장 최근의 빙하기
	제3기	플라이오세	5.3~1.6	원시 인류 출현
		마이오세	23.7~5.3	알프스, 히말라야 산맥 형성
		올리고세	36.6~23.7	
		에오세	57.8~36.6	
		팔레오세	66.4~57.8	
중생대	백악기		144~66.4	로키 산맥 형성, 공룡 멸종 ⑤
	쥐라기		280~144	공룡 출현, 시조새 등장
	트라이아스기		245~208	포유류 출현 ④
고생대	페름기		286~245	③
	석탄기		360~286	파충류 출현
	데본기		408~360	양서류, 곤충류 출현, 빙하기 시작
	실루리아기		438~408	육상식물 등장(리니아) ②
	오르도비스기		505~438	어류 출현, 애팔래치아 산맥 형성
	캄브리아기		570~505	삼엽충 출현 ①
원생대 시생대	선 캄브리아기		2500~570 2500 이전	박테리아 등의 미생물 출현

❶ 1차 대멸종 : 4억 4,400만 년 전 - 고생대 오르도비스기/고생대 실루리아기 경계(End O)

❷ 2차 대멸종 : 3억 6,000만 년 전 - 고생대 데본기/고생대 석탄기 경계(Late D)

❸ 3차 대멸종 : 2억 5,000만 년 전 - 고생대 페름기/중생대 트라이아스기 경계(End P)

❹ 4차 대멸종 : 2억만 년 전 - 중생대 트라이아스기/중생대 쥐라기 경계(End Tr)

❺ 5차 대멸종 : 6,500만 년 전 - 중생대 백악기/신생대 제3기 경계(End K)

지구의 대멸종 연대기

8000만 년쯤 전에 남쪽의 곤드와나대륙과 북쪽의 로라시아대륙으로 갈라지게 된다. 오늘날과 같은 5대양 6대주는 이 같은 대륙 이동의 과정으로 인해 형성된 결과며, 이런 대륙 이동의 움직임은 아직도 현재 진행형이다.

고생물 화석의 분포

대륙이동설을 처음 주장한 사람은 독일의 알프레드 베게너(A. Wegener 1880-1930)였다. 베게너는 원래 천문기상학자였는데 평소 그는 남아메리카 대륙과 아프리카 대륙의 형태가 직소퍼즐처럼 들어맞는 것에 의문을 갖고 있었다. 베게너는 우선 고생물 화석의 분포대가 서로 연결되어 있다는 점에 착안하였다. 즉,

빙하 이동경로의 흔적

1. 포유류를 닮은 파충류인 키노그나투스(Cynognatus)의 화석이 지금의 남미대륙과 아프리카 중서부에 걸쳐 나타나고 있는 점.

2. 메소사우루스(Mesosaurus) 화석 역시 남미대륙에서 아프리카 남부 쪽으로 연결되어 있는 점.

3. 리스트로사우루스(Lystrosaurus) 화석이 아프리카 남부에서 인도 중부와 남극으로 이어져 있는 점.
4. 글로솝테리스(Glossopteris)라고 하는 양치식물의 화석이 중남미-남아프리카-인도-남극대륙으로 이어지는 분포대를 갖고 있다는 점이다.

베게너는 이 같은 고생대 생물화석의 분포를 근거로 1915년 〈대륙과 해양의 기원〉이라는 책을 통해 대서양의 양쪽 대륙이 원래는 붙어 있다가 서로 반대방향으로 표류했다는 대륙이동설을 주장했다. 그의 대륙이동설은 물론 초기에는 인정받지 못했으나 오늘날 멀리 떨어져 있는 서로 다른 대륙의 지질구조가 연속적이라는 점과, 과거 페름-석탄기의 남극점 일대의 빙하의 분포지역과 이동방향이 일치한다는 점, 또 고지구자기, 해양저 등의 연구성과 등에 힘입어 재평가되었고, 실제로도 맨틀대류가 대륙을 움직이게 하는 것이 증명되고 있다.

한편, 장수하늘소(*Callipogon relictus* Semenov)는 1898년 러시아 지리학자이자 곤충학자인 표도르 세메노프(Pyotr Petrovich Semenov, 1827-1914)에 의해 처음 학술지에 등재되었다. 세메노프는 상트페테르부르크에서 식물학을 전공한 사람이지만 독일에서 훔볼트(A. von Humbolt, 1769~1850)에게 지리학을 배운 지리학자이기도 했다. 그는 천산산맥을 원정한 최초의 유럽인이었으며(그리하여 니콜라스 2세 황제로부터 Tyan-Shansky라는 칭호를 부여받았다) 곤충학자이면서 통계학자이기도 했다. 그는 방대한 양의 식물표본과 수십만 점의 곤충표본을 수집했는데, 극동러시아 채집여행에서 처음 발견한 장수하늘소 유충을 보고 매우 놀랐다. 왜냐하면 동절기에 영하 40℃까지 내려가는 추운 지역에 몸길이 10cm가 넘는 크기의 곤충이 동토의 땅에 존재한다는 사실이 도무지 믿기지 않았기 때문이다. 곤충의 크기는 물론 종에 따라 다양하지만 보통 연중 겨울이 없는 적도 부근의 열대우림지역 곤충들이 대형 종이 많으며 극지방으로 갈수록 크기가 작아지는 것이 일반적이다.

세메노프는 장수하늘소가 형태학적으로 중남미에 서식하는 아밀라투스장수하늘소, 바바투스장수하늘소 등이 속해 있는 칼리포곤(Callipogon)속(屬)의 하늘소들과 매우 닮은 점에 주목하였다. 그는 장수하늘소가 원래는 중남미 종들과 같은 지역에 분포하였으나 대륙이동으로 인해 장수하늘소 한 종만이 유라시아에 남게 되었을 것으로

커비코르니스 대왕턱하늘소는 사슴벌레처럼 턱이 집게처럼 발달하여 붙여진 이름인데, 기록적인 사이즈의 관건은 이 턱의 길이에 의해 결정된다.

표도르 세메노프(1827-1914)

보고 학명에 '잔존'이란 의미의 'relictus'를 붙였다. 그러나 중요한 것은 세메노프가 장수하늘소를 등재한 1898년은 베게너가 겨우 19살일 때라는 점이다. 즉 다시 말해서 베게너가 대륙이동에 대한 기초적인 생각조차 갖기 전일지도 모르는 시점이다. 베게너는 35살인 1915년에서야 비로소 대륙이동설을 발표하게 되는데, 이때 세메노프는 이미 87세를 일기로 세상을 떠난 바로 이듬해였다. 즉, 40년 이상 러시아 지리학회 회장을 지낸 노령의 세메노프는 젊은 기상학자인 베게너의 대륙이동설에 대해 전혀 알 수 없는 상황이었으나 이미 완숙한 지리학자로서 다방면으로 풍부한 지식을 갖추었던 그는 중남미에 분포하는 칼리포곤속의 하늘소들과 과거에 지구 역사상 어떤 식으로든 연관성이 있었을 것으로 보았던 것이다.

사실 남미대륙과 아프리카대륙이 원래 한 덩어리였을 거라는 아이디어는 베게너가 처음은 아니었다. 이미 16세기에 세계지도를 작성했던 아브라함 오르텔리우스(Abraham Ortelius, 1527-1598)도 대서양 양쪽의 대륙이 서로 직소퍼즐처럼 들어맞는 형태를 보고 같은 생각을 했다.

그러나 그의 생각은 아메리카대륙이 지진과 홍수로 인해 유럽과 아프리카에서 떨어져 나갔을 것이라는 막연한 추측 수준에서 머물렀고 더 이상 과학적 증거를 제시하지 못했기 때문에 그냥 가설로만 남게 되었던 것이다.

따라서 지금으로부터 한 세기 이전에 세메노프가 가졌던 진취적인 발상은 가히 존경받을 만하다. 다만 이 가설에는 한 가지 의문점이 남는다. 즉, 만일 동북아의 장수하늘소가 중남미의 칼리포곤속 하늘소들과 유전적으로 근연관계가 있기 위해서는 과거 한때는 지리적으로 서로 인접해 있었어야 한다는 전제가 필요하다. 앞에서 말했던 남미-아프리카-인도-남극-호주 대륙이 서로 붙었던 곤드와나대륙 내에서의 생물 종의 이동과 분포에 대해서는 증거 화석들에 의해 충분히 납득이 가는 것처럼, 장수하늘소가 중남미에 분포하는 칼리포곤속 하늘소들과 유전적으로 근연관계가 있기 위해서는 역시 비슷한 생물지리학적인 인과관계가 형성되어야 하는데, 지금의 대륙 이동설만으로는 중남미 대륙과 극동아시아가 과거에 서로 인접했었다는 어떠한 가능성도 시사하고 있지 않다. 오히려 지금 장수하늘소가 분포하는 북한 땅을 포함한 연해주 극동아시아와 남미대륙은 서로 지구의 정반대 방향에 위치하고 있다. 이 말

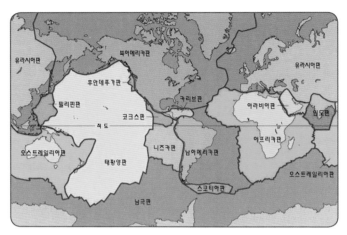

장수하늘소가 속해 있는 유라시아판과 24종의 칼리포곤속 하늘소 중
나머지 23종이 있는 카리브판이나 남아메리카판은 서로 만난 적이 없다

은 결국 어떤 식으로든 동북아시아와 중남미 대륙은 물리
적으로 서로 붙어 있을 수 없는 상황으로까지 보인다. 만
일 북아메리카 대륙에 칼리포곤속의 하늘소가 한 종이라
도 분포한다면 이야기는 달라질 수도 있다. 하지만 멕시코
를 제외한 북미대륙엔 칼리포곤속의 하늘소가 존재하지
않는다.

한편, 공룡들의 대멸종 직전인 약 6천 5백만 년 전 백
악기(Cretaceous) 말에는 해수면이 일시적으로 하강해 베
링해협의 대륙붕이 다리를 연결해주는 바람에 아시아와

북아메리카 두 대륙 간 포유류의 왕래가 가능했다고 보는 설이 있다. 몽골반점이 아메리카 원주민과 라틴아메리카인에게서 공통적으로 나타나고 있는 사실도 이 가설과 무관하지 않다. 그래서 이때 북미대륙에 있던 장수하늘소가 베링기아(Beringia)를 건너왔을 것이라는 주장도 있다.

그러나 장수하늘소는 조류나 포유류처럼 먼 거리를 이동할 수 있는 존재가 아니다. 곤충 중에서도 나비나 벌류는 얼마든지 멀리 날 수 있다. 하늘소도 마찬가지다. 장수하늘소를 제외한 다른 하늘소들은 한 번에 수백 미터씩 이동할 수 있을 뿐 아니라 바람에 편승하면 수킬로미터까지도 날아갈 수 있다. 그러나 장수하늘소는 날개가 퇴화되어—장수하늘소의 경우는 퇴화라는 용어보다는 원시 형태로부터 진화하지 못했다는 표현이 적절할 것이다—거의 날지 못하는 종이다. 더욱이 성충으로 살아 활동하는 기간은 겨우 1달 남짓하다. 다만 외형적으로는 중남미 칼리포곤속의 하늘소들과 매우 닮았으니 그야말로 장수하늘소가 한반도 지역에 살게 된 과거사는 수수께끼가 아닐 수 없다. 장수하늘소는 이처럼 지구의 역사를 고스란히 간직하고 있는 살아 있는 화석과도 같은 신비스런 존재인 것이다.

Callipogon armillatus

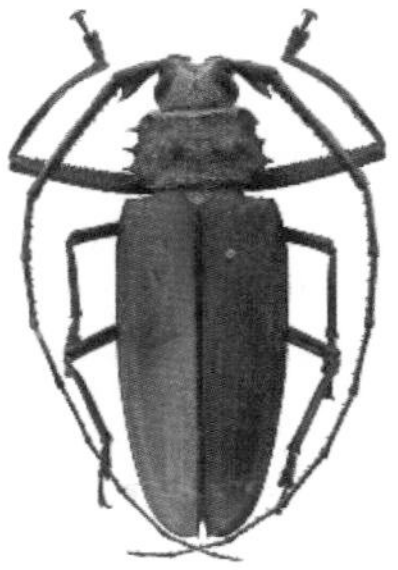

Callipogon barbatus

Callipogon lemoinei

Callipogon pehlkei

Callipogon sericeum

Callipogon similis

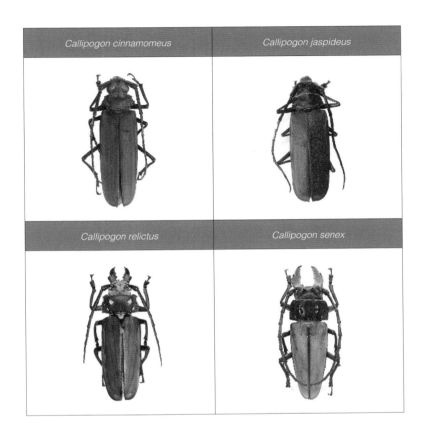

| Callipogon cinnamomeus | Callipogon jaspideus |
| Callipogon relictus | Callipogon senex |

칼리포곤속의 대형 하늘소들

수컷(장치형)　　　　　수컷 (단치형)　　　　　암컷

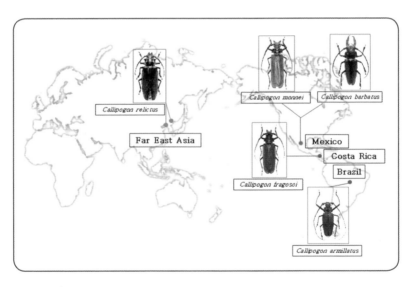

칼리포곤속 하늘소의 분포도

수컷의 가슴(전흉배판)   암컷의 가슴(전흉배판)

장수하늘소 수컷의 전흉배판은 암컷과 비교하면 약간 평
편한 편이다. 반면, 암컷의 전흉배판은 바가지 모양으로
둥글다. 그리고 수컷보다 뾰족하고 긴 돌기가 발달되어 있
다. 색깔도 서로 차이가 있는데, 수컷은 약간 밝은 갈색을
띠는 반면, 암컷의 전흉배판은 짙은 밤색이다.

3.
위협받는
장수하늘소
생태계

대다수의 곤충들은 오래전부터 식물과 공존하며 진화해 왔는데, 곤충과 식물의 상호작용은 대략 3억 년 전인 석탄기 시대부터 시작된 것으로 보고 있다. 유충기 동안 식물의 잎을 갉아먹고 자라는 나비류나 나무줄기의 목질부를 먹고 자라는 하늘소류 등의 곤충을 식식성(食植性) 곤충이라 한다. 이들 식식성 곤충은 식성에 따라 다시 크게 세 가지로 나뉜다. 즉, 단식성(monophagous), 협식성(oligophagous), 그리고 광식성(polyphagous)이다.

단식성 곤충이란 아주 한정된 식물 분류군만을 먹고 사는 것들을 말한다. 예를 들어 나비류의 경우를 보면, 붉은점모시나비는 유충기에 기린초만을 먹는데, 죽으면 죽었지 다른 식물은 절대 먹지 않는다. 아니, 먹지 않는 게 아니라 다른 걸 먹으면 아예 죽어버린다. 소화기관이 기린초 외에는 소화시킬 수 없게 진화되었기 때문에 곧바로 설사를 하거나 장이 막혀 죽게 된다. 옛날 어른들이 "누에는 뽕잎을 먹어야 하느니라." 하는 말도 있듯이 누에는 뽕잎만 먹게 되어 있기 때문이다.

이처럼 곤충에 있어 기주식물host plant에 대한 선호도는 우리 인간이 생각하는 편식의 개념과는 약간 다른 것이다. 우리에게 익숙한 호랑나비*Papilio xuthus*의 예를 보자. 애벌레가 먹는 것은 산초, 탱자, 귤 등 운형과 식물들로 한정되어 있다. 그런가 하면 산호랑나비*Papilio machaon*는 비록 호랑나비와 생김새는 아주 비슷하게 생겼지만 먹이식물이 다르다. 산호랑나비는 참당귀, 백선, 미나리 등 산형과에 속한 식물들을 주로 먹는다. 이렇듯 산호랑나비나 호랑나비 같은 경우를 협식성 곤충이라 할 수 있다.

나비류는 대부분 식성이 까다로워서 다식성은 찾기 힘들다. 반면, 나방 중에는 다식성인 것들이 꽤 있다. 대표적인 것으로 밤나무산누에나방*Caligula japonica*을 들 수 있는데 유충은 밤나무는 물론이고 참나무를 비롯하여 사

참나무산누에나방
유충은 졸참나무나 상수리나무 등
참나무과 나무의 잎을 먹는다.

유충은 밤나무, 사과나무, 호두나무,
싸리나무 등 을 다양하게 먹는다.

과나무, 배나무(이상 장미과), 호두나무(가래나무과), 그리고
심지어는 싸리나무(콩과)까지 가리지 않고 먹는다.

이처럼 협식성과 광식성의 차이는 먹이식물의 분류
군이 속(屬)에 한정되거나 과(科)에 한정된 것들만을 먹는
지, 아니면 그런 구분 없이 광범위하게 먹는지의 차이라

할 수 있다.

　한편, 식식성 곤충이라 하더라도 식물의 먹는 부위는 곤충마다 다르다. 나비나 나방(인시목)의 유충들은 식물의 잎을 주로 먹는가 하면, 사슴벌레나 하늘소류(딱정벌레목) 유충들은 나무의 큰 줄기나 가지의 목질부를 먹고, 매미류(노린재목) 유충은 나무의 뿌리 부분에 기주한다. 이렇듯 대부분의 하늘소는 유충기 동안 식물(주로 목본)의 줄기를 파먹고 성장하는데, 단식성인 것이나 협식성인 것들이 대부분이고 다식성인 것은 그리 많은 편은 아니다.

　뽕나무하늘소*Apriona germari*는 뽕나무에만 기주하는 단식성 하늘소이지만 소나무재선충의 숙주 노릇을 하는 솔수염하늘소*Monochamus alternatus*는 소나무뿐 아니라 같은 소나무과의 가문비나무*Picea jezoensis*에도 기주하는 협식성 하늘소라 말할 수 있다. 하늘소류의 기주특성이 나비류들과 크게 다른 점이 있다면, 살아 있는 생목을 식해하는 것도 많지만 많은 종들이 죽은 가지, 즉 고사목을 먹는 것이 많다는 점이다. 따라서 생목에 알을 낳는 것들은 단식성인 경우가 많고 죽은 나무나 죽어가는 나무에 알을 낳는 것들은 대부분 협식성이나 광식성 하늘소이다.

　이런 관점에서 보면 장수하늘소는 다른 하늘소에 비

하면 기주식물이 다양한 편이기 때문에 광식성이라 할 수 있다. 이는 톱하늘소아과에 속한 다른 유충들에서도 알 수 있다. 검정하늘소아과의 하늘소 유충들은 나자식물에만 기주하지만 톱하늘소아과의 유충들은 나자식물, 쌍자엽식물, 단자엽식물 모두에 기주한다.

현재 장수하늘소는 우리나라 중북부 이북과 북한 전역, 그리고 중국 동북부와 극동 러시아에 걸쳐 분포하고 있는데 지역에 따라서 선호하는 기주식물이 약간씩 다른 양상을 보이고 있다. 즉, 우리나라에서는 주로 서어나무*Carpinus laxiflora*(자작나무과)에서 많이 나오지만, 북한에서는 신갈나무*Quercus mongolica*(참나무과)와 들메나무 *Fraxinus mandshurica*(물푸레나무과)에서 주로 나온다. 중국에서는 물푸레나무*Fraxinus rhynchophylla*(물푸레나무과)와 난티나무*Ulmus laciniata*(느릅나무과)를 주로 먹는가 하면, 극동 러시아에서는 5~600년 이상 된 느릅나무*Ulmus japonica*(느릅나무과)에 주로 기주한다. 따라서 장수하늘소는 참나무과나 자작나무과, 느릅나무과 등 대표적인 활엽수의 고사목에 고루 기주한다는 사실을 알 수 있다.

이처럼 장수하늘소가 느릅나무과, 물푸레나무과, 참나무과, 자작나무과에 속한 다양한 활엽수를 먹이식물로

삼지만 절대로 침엽수에는 살지 않는다. 그렇다면 장수하늘소가 활엽수 고사목에 기주한다는 이 기주특성이 왜 서식처의 마지막 보루라고 할 수 있는 광릉숲에서조차 멸종에 이르게 되었는지 그 사연을 알아보자.

사실 1930년대까지만 해도 우리나라에서 장수하늘소의 서식지는 제법 있었다. 장수하늘소는 북한산(북한산에서 채집된 장수하늘소는 안타깝게도 현재 일본 국립과학박물관에 소장되어 있다)에서도 있었고, 남한산성에서도 발견된 적이 있었다. 강원도 양구, 화천, 춘천은 더 말할 것도 없다. 춘천은 우리나라에서 장수하늘소가 가장 먼저 발견된 곳이기도 하다.

1945년 해방이 되자 우리나라 숲의 많은 나무들은 초가집 아궁이에 집어넣을 장작불 땔감으로 마구잡이로 베어졌다. 8·15 해방은 국가 차원에서는 주권의 해방이기도 했지만 민초 차원에서는 모든 치안과 통제로부터의 해방이기도 했다. 설상가상으로 1950년에 시작된 3년간의 한국전쟁 과정에서 지상과 공중에서 벌어진 융단폭격으로 전 국토는 졸지에 벌거숭이가 되어 버렸다. 전쟁이 끝나고 휴전협정을 앞둔 상황에서는 한 치라도 더 유리한 휴전선을 확보하기 위해 벌였던 뺏고 빼앗기는 치열한 전투와 포화 속

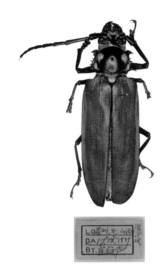

- 국내에서 채집된 현존하는 가장 오래된 장수하늘소 표본. 러시아에서 1898년에 처음 알려진 장수하늘소는 우리나라에서는 1930년대에 알려지기 시작했다.
- 장수하늘소는 1930년 경성제대 동물학교실에 근무하던 조복성 교수가 경성제일보고(현 경기고등학교) 학생들이 채집해온 표본을 정리하다 발견하게 되었다.
- 위 표본은 춘성군(현 춘천시) 북산면 청평리에서 1937년 9월 17일 최종성에 의해 채집된 것이다(고대 곤충연구소 소장).

에서 춘천, 화천, 양구 등 강원 북부지역의 장수하늘소 서식지들은 흔적도 없이 사라지게 되었던 것이다.

1953년 휴전 후에도 연탄이 대중화되기까지 최소 10여 년간은 모두가 산에서 나무를 베어다 땔감으로 사용하는 일을 당연하게 생각했다. 또 너나 할 것 없이 춥고 배고팠던 그 시절, 살아남기 위해서는 그것밖에 추운 겨울을 날 수 있는 다른 대안이 없었으리라. 난 아직도 1963년 여름의 기차여행을 잊을 수가 없다. 당시 9살이었던 나는 여름방학을 맞아 아버지를 따라 서울에서 외가인 충남 강경까지 기차를 타고 가는데 창가에 앉아 몇 시간 동안 차창 밖 경치만을 감상하게 되었다. 전쟁 직후에 태어난 터라 나는 불과 몇 년 전에 이 땅에서 무슨 일이 벌어졌었는지 전혀 몰랐기 때문에 당시 내 눈에 들어온 붉은 민둥산들이 매우 인상적으로 다가왔다. 지금 생각하면 한창 녹음이 짙을 시기였지만 그때는 녹색이라곤 전혀 본 기억이 없다. 그때 난 우리나라가 원래부터 아프가니스탄이나 티베트처럼 온 산이 원래부터 풀 한 포기 없는 나라인 줄만 알았다.

춘천시 북산면 추전리
장수하늘소 출현지 기념비
[현재 추곡리 약수터로 옮겨졌다.]

이처럼 전쟁과 난벌로 인해 우리나라에서 장수하늘소

의 서식 환경은 총체적으로 망가지게 되었던 것이다. 하지만 그 와중에도 요행히 살아남은 곳이 바로 광릉숲이었다. 광릉숲은 1468년 세조의 능림으로 지정된 이래 500여 년간 일반인의 출입이 통제된 채로 보전된 곳이다. 조선총독부 시절이던 1913년부터는 줄곧 임업시험장으로 지정되어 관리해온 덕에 전혀 훼손되지 않은 상태를 지속할 수 있었다. 그런 점에서 광릉숲이 한국전쟁 중에도 파괴되지 않은 건 실로 기적과도 같은 것이다. 38선을 넘은 북한군의 서울침공 선봉대인 1군단이 쳐들어오는 길목에 위치한 광릉숲이 살아남았다는 건 행운이다. 왜냐하면 북한군이 6월 25일 새벽, 남침을 시작한 곳이 바로 철원이었으며, 서울을 점령하기 위해 기갑부대를 앞세워 쳐들어온 루트가 바로 43번 국도인 포천-의정부 경로였기 때문이다. 특히 치열했던 포천전투로 유명한 소흘읍은 광릉숲에서 수킬로미터밖에 떨어지지 않은 곳이다.

광릉숲은 숲의 성장단계로 구분할 때 극상림에 속한다. 극상림이란 숲의 생태계가 기후조건에 알맞게 적응하고 안정화된 단계로서 숲의 천이과정 중 마지막 단계를 말하는데, 이때 나타나는 대표적인 수종들이 졸참나무와 신갈나무, 서어나무들이다. 게다가 광릉숲의 서어나무들은 대부분 어리고 싱싱한 나무들은 별로 없고 적어도 수령이 100년 이상인 고사목들이 많았다. 이러한 서어나무 고사목이 바로 장수하늘소가 서식하기에는 가장 좋은 나무이다.

하지만 전후 광릉수목원의 주된 역할은 속성수인 침엽수 수종 생산을 위한 전초기지였기 때문에 황폐한 전 국토의 산림녹화를 주도하기 위해서라도 성장 속도가 빠른 침엽수를 생산해야만 했다. 그리하여 1968년에는 대규모 조림계획이 수립되면서 서어나무 고사목들이 무참히 베어지고 그 자리를 리기다소나무, 잣나무, 낙엽송 등 대표

서어나무 고사목들이 베어지고 그 자리에 침엽수림으로 조성된 광릉숲 (2012년 8월)

적인 침엽수가 차지하게 되었다. 이로 인해 당연히 벌목
된 서어나무 속에 살던 수대에 걸친 장수하늘소 애벌레
들도 함께 운명을 같이할 수밖에 없었다. 당시 이로 인한
장수하늘소의 소멸을 막기 위해 서어나무를 무차별적으
로 베어내지 말고 보호해야 한다는 혜안을 갖고 기사를
쓴 동아일보 이경문 기자는 지금 어디서 무엇을 하고 계
실까?(동아일보 1970년 11월 13일자).

　1970년대에 내가 광릉에서 목격한 이야기지만 당시
동네 사람들은 벌목 과정에서 나온 장수하늘소 유충을 삼
삼오오 모여 앉아 불에 구워 먹었는데 맛이 기가 막혔다
고 너스레를 떨 정도였다. 수종개선이라는 명분으로 인해
장수하늘소는 대가 끊겼으니… 이 얼마나 기가 막힐 노릇
인가? 물론 쓸모없이 다 죽어가는 활엽수 고사목들을 베
어내는 일쯤은 어쩌면 임업시험장 관계자들에게는 직무
에 충실한 당연한 처사였을지도 모른다. 그리고 장수하늘
소는 식물원 입장에서 보면 방제를 해야 하는 해충이 아
니던가? 오직 나무만을 생각하고 숲이라는 개념은 전혀
생각할 겨를이 없었던 시절의 슬픈 이야기다.

　1976년 고려대학교 부설 한국곤충연구소가 실시한 장
수하늘소 실태조사('자연보호' 제11호)에서도 장수하늘소를

보호하기 위해서는 광릉숲에서 일체의 서어나무 고사목 벌채를 금해야 한다고 심각히 문제제기를 했으나 이 경고는 철저히 무시된 채 수종개선사업은 그 후에도 지속되었다. 그렇게 해서 장수하늘소는 마지막 안식처인 광릉숲에서조차 설 자리를 잃게 되었던 것이다.

2장

장수하늘소를
찾아서

1.
국내에선
찾기 힘든
장수하늘소

2006년 8월 24일, 경기도 광릉수목원에서 장수하늘소가 출현해 매스컴에서 일제히 대서특필되었다. 특히 이때 출현한 것은 암컷이었는데, 수컷은 2002년에도 발견된 적이 있었으나 암컷은 1980년대 이후 20년 만에 처음이라서 세간을 떠들썩하게 만들었다. 대체 벌레 한 마리가 뭐길래 이토록 야단들이란 말인가? 물론 부엌에서 시커먼 바퀴벌레가 한 마리만 나타나도 온 집안이 호떡집에 불난 것 마냥 한바탕 시끄럽긴 할 것이다.

그러나 싱크대에서 출현한 바퀴벌레와 광릉숲에서 출현한 장수하늘소는 같은 벌레가 아니다. 요즘 말로 급이

다르다. 천연기념물 218호이자 환경부 지정 멸종위기야
생동식물 1급, 이것이 장수하늘소의 정식 타이틀이다. 그
뿐이 아니다. 동북아 최대의 갑충, 살아 있는 화석, 이것
이 또한 장수하늘소를 대변하는 수식어이다.

앞에서 이미 언급했지만 사실 광릉숲에서만큼은 장수
하늘소 찾는 일이 그리 어려운 일은 아니었다. 적어도 1970
년대 중반까지는 말이다. 그러다 수종개량으로 인한 서어
나무 군락지가 사라지면서 대가 끊기고 만 것이다. 물론 완
전히 자취를 감췄다고 말할 순 없
다. 2014년에도 다 죽은 수컷 한 마
리가 관광객에 의해 발견되었기 때
문이다. 하지만 2016년 8월 현재 암
컷은 2006년 이후 10년이 지나도록

> 천연기념물 218호이자 환경부 지정 멸
> 종위기야생동물 1급, 이것이 장수하늘
> 소의 정식 타이틀이다. 그뿐이 아니다.
> 동북아 최대의 갑충, 살아 있는 화석,
> 이것이 장수하늘소를 대변하는 수식
> 어이다.

발견되고 있지 않았다. 즉, 암컷 한 마리 찾는 데 20년이
소요되고 수컷도 12년씩 걸린다는 사실 하나만으로도 암
수 한 쌍이 동시에 출현한다는 것이 확률적으로 얼마나 희
박한 일인지를 알 수 있을 것이다.

잊혀질 만하면 한 번씩은 나타났기 때문에 광릉숲에서
장수하늘소가 완전히 멸종되었다고 단정할 순 없지만, 한
마리 출현하는 데 10년, 또는 20년씩 소요된다면, 과연 복

원 계획에 실효성이 있는 것인가?

최근에는 한 해 한 마리씩은 사체라도 발견된다고는 하나 이토록 안정되지 않은 개체군은 점점 수가 증가하기보다는 소멸할 가능성이 더 크다. 이것은 1971년, 충북 음성에서 마지막 텃황새 한 마리가 사라진 경우와는 엄연히 다른 이야기이다.[1] 조류나 포유류는 설령 마지막 한 마리가 남더라도 수명이 길기 때문에 연구자가 얻을 수 있는 정보가 많고, 또 그만큼 할 일도 많다.

그러나 장수하늘소는 거의 죽기 직전에 발견되거나 그렇지 않은 경우라 할지라도 성충으로서의 삶이 한 달을 채 넘기지 못하기 때문에 종을 복원하기 위해서는 암수 중 어느 한쪽만 발견된다고 했을 때 딱히 할 일이 없게 된다. 물론 언젠가는 행운이 찾아올 수도 있겠지만 영원히 안 올 수도 있다. 그리고 무엇보다 중요한 것은 그런 행운이 갑자기 찾아왔을 때를 대비하기 위해서라도 미리 장수하늘소의 생태에 대해 연구해 놓지 않으면 안 될 것이다.

---

1) 1971년 충북 음성군 생극면에서 마지막으로 발견된 황새 1쌍 중 수컷 한 마리는 포수의 총에 맞아 죽고, 암컷은 서울대공원 동물원으로 옮겨져 1994년까지 살다 죽음으로써 완전 멸종되었다. 1996년부터 독일과 러시아에서 종을 들여와 복원하기 시작한 황새는 2016년 방사 개체들이 자연번식에 성공함으로써 20년 만에 결실을 거두었다.

2.
'첫 번째 걸음'
러시아과학원의
문을 두드리다

나의 '장수하늘소 앓이'는 2006년부터 본격적으로 시작됐다. 장수하늘소를 연구하기 위해선 국내보다는 우선 성충 관찰이 가능하고 유충을 손쉽게 구할 수 있는 국외에서 시작할 수밖에 없다고 판단했다. 국외라면 중국과 러시아 그리고 북한 3국 중에서 적당한 파트너를 구해야 하는데, 공교롭게도 모두 사회주의 아니면 공산주의 국가들이라서 약간씩 문제가 있었다. 중국엔 장수하늘소가 동북부 일원인 길림성이나 흑룡강성 일원에 약간 분포하고 있지만 채집지가 정확하지 않고 또 최근에는 잘 잡히지도 않는 것 같다. 뿐만 아니라 중국에서는 장수하늘소에 대한 이해가 우리와 다르기 때문에 장수하늘소만을 단독으로 이슈 삼아 프로젝트화하는 것도 사실상 어려운 실정이었다. 게다가 최근에는 중국에서도 자기네 고유종을 반출하는 문제에 대해서만큼은 여간 까다로운 게 아니다.

그런가 하면 북한은 장수하늘소가 아직까지도 흔하게 볼 수 있을뿐더러 같은 한반도 내이기 때문에 정서적인 차원에서 좋은 여건을 갖추고 있지만 정치적인 변수가 항상 도사리고 있어서 5~10년 이상 지속해야 하는 프로젝트의 특성상 안정적인 파트너는 될 수 없었다. 실제로 남북공동 학술조사가 정치적인 이유로 결실 없이 중단되어 예산만 낭비하고 물거품이 된 사례는 김대중정권 이후로 지금까지 수도 없이 많았다.

북한에서는 장수하늘소가 해충으로 취급되어 박멸의 대상인 점은 아이러니이다. 같은 종을 두고 남쪽에서는 천연기념물로 지정하여 손도 못 대게 하는가 하면, 북쪽에서는 니코틴 주사를 투입해 죽여대고 있으니 말이다. 북한의 이 같은 정책은 원목수출로 외화벌이를 해야 하는데 장수하늘소가 기주해 속을 다 파먹은 원목은 상품성이 떨어지기 때문에 내려진 조치인 것이다.

그런 점에서 러시아는 이미 앞에서 언급했듯이 장수

하늘소를 세메노프(Semenov)가 한 세기 전에 등재해 최초로 학명을 부여한 역사가 있기 때문에 각별한 관심을 갖고 있을 뿐 아니라 적색목록집인 『레드북(Red Book)』에 올려 보호하고 있는 종이다. 따라서 러시아는 내가 무엇을 하려는지에 대해 금방 공감대가 형성될 수 있는 상대였다. 게다가 사회주의 체제이긴 하지만 정치성을 배제하고 순수하게 학문적으로 접근할 수 있는 나라이기도 하다.

더욱이 2006년 당시는 우리나라 최초의 우주인 배출 사업으로 한국과 러시아과학원(Russian Academy of Science)과의 밀월관계가 한창 무르익었을 때였기 때문에 모든 것이 고무적이었다. 다만 한 가지, 러시아과학원이 일개 개인을 상대로 공동 프로젝트를 수행할지가 의문이었다. 왜냐하면 당시만 하더라도 러시아과학원과 국내 학술단체가 자매결연을 맺은 기관은 카이스트(KAIST)밖에 없을 정도로 문턱이 높은 국가 기관이기 때문이다.

문제는 그뿐이 아니었다. 언어가 가장 큰 장벽으로 대두되었다. 예전에 이승모 선생님[2]이 살아 계실 때는 나한

---

2) 나비박사로 유명한 이승모 씨는 6·25 전쟁 때 리어커로 나비상자를 실어날으며 피란을 내려온 뒤 그 표본을 전부 국가에 기증하였다. 그는 김일성대학에 재학할 당시 구소련 분류학자에게 분류학을 배웠다.

테 러시아어를 공부하면 보시던 책을 다 주겠다고 한 적이 있었는데, 당시(5공 시절)만 하더라도 소련어를 한다는 것은 위험천만한 일이었고 나 또한 크게 필요성을 느끼지 못해 한 귀로 듣고 한 귀로 흘린 것이 이제와 살짝 후회스럽다는 생각이 들었다.

러시아과학원은 모스크바에 있는 본원과 시베리아지원(SB RAS), 우랄지원(URAN) 그리고 극동지원(FEB RAS) 등 지역적으로 특화된 3개의 분원으로 구성되어 있는데 장수하늘소와 관련해서는 역시 블라디보스톡 소재의 극동분원이 관련 기관이라 할 수 있다. 나는 우선 그 쪽에 곤충학자가 있는지부터 확인해 보았다. 인터넷으로 조사해보니, 다행히도 극동분원에는 곤충연구소(Institute of Entomology)가 있었고 렐레이(Lelej) 박사라는 사람이 곤충연구소 소장으로 되어 있었다.

나는 곧바로 렐레이 박사한테 극동연구소와 함께 장수하늘소에 대해 연구하고 싶다고 영문 편지를 썼다. 그리고 공동연구를 수행하자고 제의했다. 그러나 금방 올 것 같은 답장은 좀처럼 오지 않았다. 아니, 그보다는 어쩌면, 국가기관도, 대학도 아닌 일개 개인이 러시아과학원과 합동연구를 하자는 것 자체가 처음부터 잘못되었는지도 모르겠다. 그래서 답장을 할 가치도 없다고 생각했는지, 몇 달이 지나도 감감 무소식이었다. 조바심이 난 나는 괜히 되지도 않을 일을 저지른 것 같아 멋쩍기도 하고 해서 포기하려고도 생각했지만 그래도 한 번 더 시도를 해보고 접어도 접어야겠다고 생각했다.

그때 마침 내 머릿속의 전구 하나가 반짝하고 불이 들어왔다. 러시아에 몇 년 전부터 들락거리는 L씨가 문득 생각난 것이다. L씨는 원래 새를 연구하는 탐조사진작가였는데, 한동안 안 보인다 싶었더니 아예 캄차카반도에 들어가 산다는 것이었다. 당시만 해도 나는 러시아에 대해선 전혀 아는 바가 없어서 러시아어도 제법 할 줄 안다는 L씨는 나에게 구세주나 다름없는 존재였다. 나는 L씨에게 경비를 챙겨주고 캄차카반도로 가는 중에 하루 시간을 내어 과학원 극동연구소에 찾아가 달라고 당부했다. 어차피 그는 블라디보스톡에서 캄차카행 기차를 갈아타야 했기 때문에 흔쾌히 내 제안을 수락했다.

L씨가 떠난 지 3일째 되는 날, 러시아에서 반가운 전화가 왔다. 캄차카반도에 도착한 그가 블라디보스톡에서 내 부탁대로 렐레이 박사를 만나고 왔다는 내용의 전화였다. 그리고 렐레이 박사는 내 편지 내용에 대해 긍정적

으로 생각하고 있으며 나를 한 번 만나고 싶다는 의사까지도 표했다는 것이다. 뜻밖의 반응이었다. 근데 왜 그는 나에게 직접 답을 하지 않았을까? 나중에 L씨로부터 들어 안 사실이지만, 러시아 사람들은 처음 접하는 사람에게 쉽게 마음을 열지 않는 특성이 있다는 것이었다. 아무리 이쪽에서 어떤 일에 대해 의사표시를 하더라도 한동안 쭉 지켜보는 습성이 있다는 것이다. 더구나 국가기관도 아닌 개인 자격으로 쓴 내 편지에 대해 쉽게 의사결정을 내릴 일도 아닌 사안이 분명했다.

무엇보다 반가운 소식은 렐레이 박사가 영어로 소통이 가능하다는 사실이었다. 아무튼 나는 그 소식을 듣고 바로 렐레이 박사에게 전화를 걸었다. 러시아과학원 교수 정도면 영어로 소통도 가능할 거라고 생각은 했지만 뜻밖의 유창한 그의 영어 실력에 나는 깜짝 놀랐다. 나중에 안 사실이지만 그는 이미 미국에서도 교환교수로 몇 년을 보낸 경력의 소유자였다. 게다가 성격도 매우 개방적이고 우호적이어서 내가 혼자 걱정했던 일들이 얼마나 어리석은 것들이었는지 깨달았다. "두드려라, 그러면 열릴 것이다"라는 성경 구절이 이번처럼 절실하게 와 닿기는 처음이었다.

일단 대화의 창구가 열리자 일은 일사천리로 순조롭

게 진행되었다. 마치 물꼬를 튼 논에 물이 흘러들 듯 상황은 급진전되었다. 나는 무작정 가서 말로만 협의를 하고 오는 것보다는 내친 김에 서류상으로 업무협약(MOU)에 사인이라도 하고 와야겠다고 생각하고 렐레이 박사에게 이메일로 의사를 타진했더니 그도 흔쾌히 동의했다. 우린 2006년 9월 5일, 서로 만나기로 하고 남은 시간 동안 협약서 전문을 주고받고 하면서 협력 내용을 완성시켜 나갔다.

2006년 9월 5일, 드디어 생전 가보지 않은 극동러시아를 향해 길을 떠났다. 아침 비행기였기 때문에 강원도 영월에서 당일 출발하기는 힘든 일정이어서 집에서는 하루

러시아과학원의 렐레이 박사와 MOU를 맺고 악수를 나눴다.
2006.9.5 오후 1:46

전에 미리 올라가 공항 신도시에서 1박을 하고 떠났다. 나는 설레는 마음을 가라앉히며 인천공항에서 블라디보스톡으로 가는 비행기에 올랐다. 비행기는 인천에서 강릉까지 동쪽으로 수평으로 비행하다 동해 상공에서 북동방향으로 기수를 틀었다. 항로는 멀리 북한의 해안선이 보일 듯 말 듯 나를 애태우더니 3시간 만에 어느덧 블라디보스톡 항구가 한눈에 들어왔다. 옛날에 책에서만 배웠던 구소련의 부동항, 극동함대가 있다는 블라디보스톡이 아닌가! 감개가 무량했다. 블라디보스톡은 '동방을 지배하다'라는 뜻이란다.

우수리스크 보호숲 사무소에서(좌: 코틀리아 소장, 가운데: 렐레이 박사, 우: 나) 2006.9.6 오전 8:29

장수하늘소, 날개를 펴다

러시아를 처음 접하는 관문은 사뭇 생소했다. 시설은 낙후하기 짝이 없었고, 활주로는 덕지덕지 우리나라 국도에서 흔히 보이는 땜빵 자국으로 도배가 되어 있었다. 공항은 군용비행장을 겸하고 있어 제복 입은 군인들이 대부분이었는데 특히 파란 눈의 군복 입은 여군들이 많아서 내 눈엔 모든 게 신기하기만 했다. 공항은 원주공항처럼 손바닥만한데 통과하는 데 무려 1시간 정도나 걸렸다. 입국 심사하는 데 한 사람당 5분 이상은 족히 걸리는 것 같았다. 만일 우리나라에서 이런 상황이 벌어졌다면 금방 여기저기서 소리를 질러대고 난리법석이었을 것이다.

이런 느린 속도는 사회주의 국가에서 흔히 볼 수 있는 전형적인 모습이지만, 꼭 그렇게만 치부하기보다는 한편으로는 대국적인 기질로 이해가 되었다. 미국이나 호주, 중국 등, 나라 끝에서 끝까지 가는 데 기차로 1주일 이상 걸리는 나라하고, 우리나라처럼 4시간이면 동해바다에서 서해바다를 갈 수 있는 나라하고는 국민성의 형성 과정이 엄연히 다르다고 볼 수 있기 때문이다. 아무튼 공항 게이트를 나올 때까지는 한국인의 뜨거운 피가 흐르는 나로서는 엄청난 인내심을 발휘해야만 했다.

공항에서 과학원까지는 택시로 이동했다. 과학원 건

물은 시내 한복판 언덕에 자리 잡고 있었는데 첫 인상이 약간 어두워 보였고 분위기도 어딘지 모르게 침체된 듯 보였다. 건물 로비에 도착하자 수위가 렐레이 박사 방으로 우릴 안내했다. 대머리가 훌떡 벗겨진 박사는 반가운 얼굴로 웃으며 우릴 맞이했다. 대학 교수연구실 정도 크기의 박사 사무실은 오래된 목제가구와 구형 컴퓨터 모니터, 그리고 노트북이 어제와 오늘의 러시아 현실을 말해주고 있었다.

박사와 나는 진지하게 이번 공동 프로젝트의 의미와 향후 계획에 대해 의견을 주고받았다. 그는 모든 사안에 대해 매우 긍정적이고 진취적인 사고를 갖고 있었다. 한 시간 정도의 의견교환을 마치고는 바로 우수리스크로 떠났다. 블라디보스톡에서 3시간 반 정도 차로 이동하니 말로만 듣던 우수리스크에 도착했다. 이곳이 바로 장수하늘소가 사는 곳이기도 하지만 우리 고려인들이 집단으로 살고 있다는 고려촌이 있는 곳이기도 해 감개가 무량했다. 잠깐이라도 들르고 싶었지만 일정상 다음을 기약하며 우수리스크 보호구역(Ussurii Reserve)으로 곧장 차를 달렸다. 그러나 이미 9월달이라서 장수하늘소를 볼 수는 없고 현장사무실만 보고 코틀리아 소장과 함께 3자 업무회의를 하는 걸로 만족할 수밖에 없었다.

장수하늘소, 날개를 펴다

3.
'두 번째 걸음'
장수하늘소를 찾아
다시 중국으로

2006년 러시아에 가서 상호간 업무협약(MOU)을 체결한 후로는 줄곧 다음 단계의 연구협약을 위한 작업에 매달렸다. 사실 국제 간에서 업무협약(Memoradum of Understanding)이라는 것은 서로 잘 해보자는 것이지 법적 구속력이나 책임 권한 같은 것은 별도의 기술협정(Technical Agreement)을 체결하지 않으면 아무런 구속력이 없는 것임을 잘 알기 때문이다. 특히 장수하늘소를 연구하기 위해서는 최소한 5년 이상 지속할 틀을 갖춰야 하는데 그러기 위해서는 연구범위와 협력 방식은 물론 책임소재와 업무분담, 그리고 무엇보다 중요한 연구비 조성 등이 관건이었다.

렐레이 박사와 여러 차례 초안을 주고받다가 드디어 2008년 7월 30일, 최종적으로 러시아과학원 측에서 1년에 30마리의 장수하늘소 유충을 공급해주기로 계약서에 서로 사인을 했다. 물론 연구비는 내가 전액 부담하는 조건이었다. 그때까지만 해도 모든 것이 생각보다 순조롭게 진행되는 듯했다.

얼마 후 렐레이 박사로부터 유충 30마리를 한국으로 보내기 위해 각각 톱밥에 넣고 포장작업까지 끝마쳤다는 이메일까지 받았다. 그러나 두 달이 지나도록 감감 무소식이었다. 나는 조바심이 나서 어떻게 된 일이냐고 메일을 보냈다. 뜻밖에 돌아온 대답은 매우 실망스러운 것이었다. 장수하늘소를 해외로 반출하기 위해서는 우선 러시아과학원의 허가가 있어야 하고, 다음으로는 주 당국, 그리고 최종적으로 모스크바 행정부 산하 자연보전국의 세 군데로부터 허가가 나야 하는데, 모스크바에서 갑자기 제동이 걸렸다는 것이다. 이유인 즉, 푸틴이 우수리스크 보호구역에 와서 앞으로 자국의 생물자원을 밖으로 유출시키지 말라는 엄명을 내리고 갔기 때문이란다. 이에 대해 러시아과학원 측에서는 모스크바로 항의 서문을 보냈고, 그 결과를 기다리는 중이라는 것이다.

이때는 푸틴이 우수리 국립공원에서 동물보호운동가들과 함께 아무르 호랑이를 추격하다가 갑자기 사진기자에게 달려든 야생호랑이를 마취 총으로 한 방에 제압하였다는 영화 같은 사건이 있은 직후의 일이었다. 당시 대통령에 당선된 푸틴은 자신의 남성미를 과시하기 위해 몇 가지 쇼맨십을 발휘했는데, 그 중 첫 번째가 아무르 호랑이 제압사건이었다. 그의 영웅적 행위를 쇼라고 치부하는 데는 그만한 이유가 있다. 원래 호랑이 무늬는 개체를 인식하는 중요한 특징으로서 태어난 이후로 변하지 않는 것이다. 그런데 푸틴이 위치추적기를 달아 돌려보낸 호랑이가 알고 보니 야생호랑이가 아닌 동물원 호랑이라는 사실이 한 환경운동가에 의해 밝혀졌기 때문이다. 이 같은 푸틴의 쇼맨십은 그 뒤로도 스쿠버다이빙을 하면서 고대 해저유물을 발견한 일이라든지 웃통을 벗고 말을 타거나 가죽 옷을 입고 폭주족들과 질주를 하는 등, 007 영화처럼 1탄 2탄, 3탄으로 이어졌다.

아무튼 우수리스크 보호림에 와서 호랑이를 제압한 푸틴은 앞으로는 자국의 생물자원을 국외로 반출시키지 말라는 특명을 내렸기 때문에 그로 인해 모스크바 행정부의 태도가 갑자기 달라진 것이었다. 그러나 이에 대한 러시아과학원의 입장도 처음엔 단호했다. 왜냐하면 전통적으로 구소련 체제만 하더라도 러시아과학원의 입지는 정치와 분리되어 나름대로 학문적인 결정권과 거부권을 행사할 수 있었다고 한다. 하지만 러시아공화국 체제 하에서는 과학원 예산도 급격히 줄고 권한도 대폭 축소되어 더 이상 파워가 없게 되었다.

얼마 되지 않아 러시아에서는 총선이 있었다. 임기가 다 된 푸틴은 자기가 수상으로 잠시 내려가고 심복이던 메드베데프를 대통령으로 내세우는 눈 가리고 아웅 식의 독재 아닌 독재체제가 지속되었다. 난 꼭두각시 역할을 하고 있는 메드베데프 대통령에게라도 편지를 써서 탄원하기로 했다. 사람이 바뀌었으니 어쩌면 통할지도 모른다는 일말의 희망을 버릴 수 없었기 때문이다. 장수하늘소가 왜 중요하고 지금의 프로젝트가 완성되기 위해선 유충의 도입이 꼭 필요하다고 호소했다. 답장은 해를 넘겨 2009년 봄에 우편으로 왔다. 결론은 아무튼 안 된다는 것이었다.

나는 이 일이 한 달만 먼저 진행됐더라면 하는 아쉬움을 떨칠 수가 없었다. 불과 며칠 사이에 눈앞까지 온 장수하늘소 30마리가 공중으로 사라진 것이다. 궁여지책으로 박물관을 찾는 아이들에게 "메드베데프 대통령님, 장수하늘소 좀 보게 해주세요~"라고 쓴 표지에 천 명의 사인을 받아 보내려고까지 시도했으나 결국 중도에 포기했다.

이제 남은 루트는 중국을 통해 원종을 들여오는 수밖에 방법이 없게 되었다. 그러나 중국도 벌써 오래전부터 자국의 생물자원 유출을 엄격히 통제하고 있기 때문에 아무리 우리나라 정부로부터 허가를 받아 수입한다 하더라도 자칫 잘못하다가는 공항에서 졸지에 추방을 당하거나 감옥에 끌려가 기약 없는 옥살이를 하게 될지도 모르는 위험을 감수해야만 한다.

우리나라는 국외로부터 멸종위기종을 수입하기 위해서는 당연히 환경부의 사전 승인이 필요하지만, 특히 곤충은 국립식물검역원으로부터 엄격한 심사와 감독을 받지 않으면 안 된다. 최근 들어 일부 청소년들이 동남아 단체여행을 하고 돌아오는 길에 헤라클레스장수풍뎅이*Dynastes hercules*나 코카서스 장수풍뎅이*Chalcosoma caucasus* 같은 열대 희귀 장수풍뎅이를 불법으로 반입해 사육하는 통에 검역원 관계자들이 여간 곤욕을 치르는 게 아니라고 들었다. 아이들이 호기심에서 저지른 일이라 법대로 처벌도 하지 못하고 매년 여름만 되면 검역원 직원들이 이들 악동(?)들을 잡으러 다니느라 휴가도 제때 가지 못한다고 한다. 그래서 갑자기 집으로 들이닥친 검역원 단속반을 보며 학부모들은 놀라서 기겁할 뿐 아니라 자기의 아이가 어떤 범법 행위를 하고 있는지조차 모르는 부모가 대부분이라 한다.

나도 한때는 박물관에서 이벤트용으로 외국의 희귀 곤충 수입허가를 내려 하였으나 국제행사가 아니면 허가가 나지 않으며, 허가가 나더라도 행사 기간이 종료됨과 동시에 모든 유입된 곤충들을 감독관 입회하에 소각하지 않으면 안 되기 때문에 아예 시도하지 않았다. 이웃 일본만 해도 코카서스나 헤라클레스 같은 종들은 오래전부터 수입이 개방되어 있지만 우리나라는 아직도 그럴 가능성이 보이질 않는다.

사실 장수풍뎅이류들은 유충이 부엽토를 먹고 자라는 생태습성이 있기 때문에 기르는 도중에 탈출하더라도 자연 생태계에 커다란 영향을 미친다고는 볼 수 없지만 유충기에 식물의 목질부를 먹고 자라는 하늘소의 경우는 문제가 다르다. 더욱이 장수하늘소는 곤충의 입장에서 보면 희귀 곤충이지만 식물의 입장에서는 해충으로도 볼 수 있기 때문에 이에 대한 철저한 사전심사와 사후 관리가 요구되었다. 물론 검역원의 이 같은 철저한 규제는 2012년이 되어서야 풀어졌지만 처음 몇 년 동안은 장수하늘소를 연구하는 데 커다란 걸림돌로 작용했다.

2008년 7월 26일, 식물검역원으로부터 사전 수입 허가를 받고 중국으로 떠났다. 그러나 우리나라에서만 허가를 받는다고 만사 오케이는 아니었다. 일단 인천 공항에만 도착하면 모든 것이 합법적인 절차에 의해 진행되기 때문에 별 문제가 없지만, 문제는 중국 공항에서 검색대를 통과하는 일이었다. 중국에서 장수하늘소는 법적보호종으로 지정되지는 않았지만 일단 발각되면 여러 가지로 문제가 될 것이 뻔하다. 그래서 몇 차례 x-ray 검색대를 통과할 때면 심장이 콩닥콩닥 뛰었다. 게다가 마약탐지견이 내 쪽으로 다가오기라도 할 때는 정말 온 몸이 굳는 것 같은 느낌이었다. 개가 내 가방에 코를 대고 쿵쿵거리는데 만의 하나 장수하늘소가 속에서 눈치 없이 바스락거리기라도 한다면 나는 끝장이다. 개를 끌고 다니는 검사원은 개의 행동도 중요시 보지만 보통은 개가 다가갈 때 사람의 표정을 더 유심히 관찰한단다. 그럴 때는 나는 기도밖에는 달리 할 수 있는 게 없었다. "오, 하늘이시여!!" "이 하늘소를 굽어살펴주소서!!"

나는 문익점이 목화씨를 붓두껍에 숨기고 국경을 통과할 때도 이 정도로 마음을 졸였을까 하는 생각이 들었다. 사실 문익점이 붓두껍에 목화씨를 숨겨왔다는 일화는 픽션과 논픽션이 적당히 결합된 스토리 같다. 그래서 아직도 문익점이 목화씨를 몰래 들여왔다는 것에 대해 세간인들 중에는 근거가 없다느니, 과장됐다느니 하며 의견이 분분하다. 그도 그럴 것이, 당시 원나라에서는 목화씨 반출을 금지했다는 증거가 어느 기록에도 없기 때문이다. 오히려 반출금지품목은 화약과 지도였지 목화는 아니었다 한다. 게다가 『태조실록』 14권, 7년(1398) 6월 13일자에 보면, 문익점이

"원나라 조정에 갔다가, 장차 돌아오려고 할 때에 길가의 목면 나무를 보고 그 씨 10여 개를 따서 주머니에 넣어 가져왔다."

라고 기록하고 있어 굳이 숨겨 가져올 물건이 아님을 알 수 있다.

또한 태종 1년(1401) 윤3월 1일자에도, 문익점이

장수하늘소, 날개를 펴다

"목면 종자 두어 개를 얻어 싸 가지고(得木棉種) 왔다."

라고 기록하고 있어 문익점이 목화씨를 가져오는 데 누구의 눈치를 보거나 주저할 만한 사안은 아닌 것처럼 적고 있다.

이는『고려사』나『세종실록지리지』,『세조실록』,『신증동국여지승람』에서도 마찬가지다. 그렇다면 문익점이 목화씨를 몰래 들여왔다는 이야기는 언제부터 등장하는 것일까? 그 첫 번째 기록은 조선 중기 연산군 때의 역관 조신(曺伸, 1450-1521)이 쓴 잡기집『소문쇄록(謏聞鎖錄)』에서 보인다. 그에 의하면,

"진주 사람 문익점이 일찍이 중국에 갔다가 목면의 씨를 구하여 주머니 속에 감추어 넣고(潛貯囊中), 씨 뽑는 기구와 실 잣는 기구까지 가지고 왔다."

고 함으로써 자맥질할 '잠'潛자를 처음 쓰고 있다. 다만 붓두껍에 숨긴 것이 아니라 주머니에 넣었다고 표현했다. 이는 동시대인인 김굉필(金宏弼, 1454-1504)의 7언 시에서도 마찬가지이다. 그는 목화씨를

"남몰래 낭탁(주머니)에 넣어 가져왔다네(潛藏囊橐來我國)."

문익점이 목화씨를 붓두껍에 숨겼다는 표현이 처음 보이는 것은 그로부터 300여 년이나 지난 1785년 정조 때, 전라도 유생 김상추(金相樞)가 다음과 같이 올린 상소문에서이다.

"문익점은 사명을 받들고 원나라에 들어갔는데 (중략) 3년만에 비로소 돌아오게 되자 목화씨를 몰래 붓두껍에 넣어 가져와 사람들에게 직조를 가르쳤으니….""

그런가 하면 동시대의 실학자 이덕무(1741~1793)는 「한죽당섭필寒竹堂涉筆」(1783)에서 당시 정황을 보다 구체적으로 적고 있다.

"그는 돌아오는 길에 길가 밭에 있는 풀의 흰 꽃이 솜털 같은 것을 보고 종자從者 김룡金龍을 시켜 그것을 따서 간수하게 하였는데, 밭주인인 늙은 노파가, '이 풀은 면화인데 외국 사람이 종자種子 받아 가는 것을 엄하게 금지하고 있으니 조심하여 따지 말라.' 하였으나, 문익점이 드디어 몰래 세

송이 꽃을 붓두껍에 감추어 가지고 왔다." 하였다.

또한 거의 같은 시기에 남평문씨 문중에서 발간한 「삼우당일기(三憂堂日記, 1819)」의 내용도, 이덕무의 것과 크게 다르지 않다.

"연경으로 돌아오는 길에 목면 밭을 보고 종자 김룡으로 하여금 목화씨를 따게 하여 몰래 필관(붓두껍)에 넣어 가지고 왔다."

이처럼 문익점이 목화씨를 소정의 위험을 무릅쓰고 국가와 목민의 이익을 위해서 과감히 숨겨 들여왔다는 대목은 마땅히 문익점의 대의와 용기를 부각시키는 데 드라마틱한 요소로 작용하는 건 맞지만, 그렇다고 단순한 도둑질을 너무 미화시켰기 때문에 재평가가 필요하다는 식의 최근에 난무하는 황당한 인터넷 댓글들을 마주할 때는 어이가 없어진다. 나 역시 문익점이 진정 이 시대에 재평가되어야 한다고 생각하는 사람 중 하나지만, 그에 대한 재평가는 평가절하가 아닌 평가절상의 차원이어야 한다고 생각한다. 다시 말해, 문익점의 진면목은 단순히 돈에 눈이 먼 밀수꾼의 덕목(?)으로서의 두둑한 배짱이 아니라 그보다는 그의 진정한 실험정신에 있다는 것을 우리는 간과해선 안 될 것이다.

대부분의 사람들은 문익점이 목화씨를 갖고 국경을 통과하는 과정에 의미를 두는 것 같다. 그러나 만일 문익점이 가져온 목화씨를 조정에 바쳐 원나라에는 이런 목화를 재배해 무명옷을 지어 입더라는 보고용으로 그쳤다면, 마땅히 그의 목화씨 도입 행위는 출장복명 정도의 가치 그 이상도 이하도 아닐 것이다. 하지만 문익점은 이 목화씨를 조정에 바치지 않고 곧바로 고향인 경남 진주로 내려가 장인 정천익(鄭天益)과 함께 시험재배에 들어갔다.

문익점이 실제로 목화씨를 3개 가져왔는지, 10여 개 가져왔는지는 정확히 알 수 없으나 이 또한 목화씨를 가져오는 일이 여의치만은 않았다는 반증이라 할 수 있다. 만일 재배가 목적이라면 그 드넓은 목화밭에서 목화씨 한 자루쯤은 거뜬히 가져올 수 있었을 터이지만, 고작 서너 개를 땄다는 것은 아무래도 당시 사정이 여의치 않았음을 미루어 짐작할 수 있다.

어쨌든 문익점의 모험정신은 귀국 후 곧바로 시험정신으로 승화되었는데, 바로 이 몇 개밖에 되지 않는 목화씨를 한군데다 다 심지 않고 산청과 진주라는 서로 50km 떨어진 두 개의 시험군에 반반씩 나누어 심었다는 사실이다. 이는 생물 실험 방법론의 가장 기본으로서 곤충 사육의 경우도 마찬가지이다. 한군데서 기르다 만일 바이러스에 감염이라도 되는 날엔 모두 전멸하기 때문에 서로 다른 조건과 격리된 실험실에서 나누어 사육하는 것이 과학적인 방법이기 때문이다. 이것은 문익점의 과학자다운 면모를 잘 알 수 있는 대목으로서 과거에 급제한 문과생이 이과생의 자질까지 겸비했다는 사실에 새삼 놀라지 않을 수 없다.

결과는 그가 염려했던 것처럼 현실로 드러났다. 이듬해 문익점이 진주에 심은 것은 모두 실패해 단 한 그루도 건지지 못했으나 천만다행으로 장인 정천익이 산청에 심은 씨앗 가운데 하나에서만 기적처럼 꽃이 핀 것이다. 그곳이 바로 지금의 경남 산청군 단성면 사월리에 있는 목면시배유지(木棉始培遺址)이다. 만일 그가 별다른 생각 없이 진주 한 곳에만 재배해 모두 다 실패했다고 가정하자. 우리나라 백성들이 무명옷을 입는 데까지 또 몇 백 년을 기다려야 했을지 모르는 일이 아닌가? 문익점과 정천익은 하나의 꽃에서 100여 개의 씨앗을 얻었고 그 종자로 나라 전체에 무명옷이 보급되는 데는 불과 10년밖에 걸리지 않았다. 2008년 7월, 나도 문익점이 숨겨온 목화씨와 비슷한 개수의 북한산 장수하늘소 5마리를 중국을 통해 들여오는 데 드디어 성공한다.

지금은 이미 고인이 되었지만 만약 중국인 L씨가 없었다면 나의 장수하늘소 연구는 불가능했을 것이다. L씨는 곤충을 전공한 사람이지만 그렇다고 순수학자도 아니고 또 벌레만 잡아 파는 곤충의 문외한도 아니다. 아무튼 그는 북한의 학자인지 아니면 콜렉터인지 하는 사람들과 네트웍을 갖고 있어서 해마다 7-8월이면 살아 있는 장수하늘소 3-4마리를 꼭 구해주었다. 물론 이 대목에서 그는 전형적인 중국의 장사꾼이기도 했다. 그의 사무실은 단동에 있었는데 바로 다리 하나만 건너면 신의주다. 여기서 북한 사람이 허름한 보따리를 건네면 L씨 부인이 중국돈을 얼마인가를 집어준다. 물론 나는 그 자리에 입회시키지 않았다. 항상, 그것도 철저하게⋯⋯.

그렇게 얻은 장수하늘소를 L씨 부인은 나에게 한 10배는 더 비싸게 판 것 같다. 아무튼 살아 있는 걸 확인하자마자 나는 바로 심양으로 가서 다음날 아침 비행기로 귀국하곤 했다. 5공 시절 같으면 난 바로 공항에서 잡혀

남산으로 끌려가 거꾸로 매달린 채 고추가루물을 마셨을
것이다.

아무튼 내가 10년 동안 쫓아다녔던 단동과 심양길은
공교롭게도 600여 년 전 문익점이 심양을 거쳐 압록강을
건넜던 것과 같은 루트였다.

4.
'세 번째 걸음'
러시아 과학자들
한국에 오다

2009년 1월에는 영월군으로부터 후원을 받아 러시아 과학자들을 초청할 수 있는 좋은 기회가 찾아왔다. 박물관고을 활성화사업의 일환이었다. 우수리스크 보호구역의 코틀리아 소장과 곰 전문가인 키라 박사를 초청해 한-러 장수하늘소 공동연구소 한국 측 사무소 개소식을 갖기로 했다. 코틀리아 소장의 한국 방문은 이번이 처음은 아니었다. 이미 우리나라 국립공원관리공단 측의 초청으로 두 번이나 다녀간 적이 있었는데, 그때는 지리산 반달가슴곰 프로젝트 때문이었다.

지리산 반달곰 복원프로젝트는 지금은 성공적인 케이

스로 인정받고 있지만 초창기만 해도 야생에 풀어준 곰이 덫에 걸려 죽거나 농가에 내려와 꿀이라도 훔쳐먹기라도 하면 바로 다음날 TV 저녁 뉴스에 복원사업이 실패를 했느니, 사업을 재고해야 하느니 등 세간의 가십거리로 회자되기 일쑤였다. 따라서 환경부의 관련 공무원이나 국립공원 관계자들은 그런 일이 있을 때마다 여론과 상급자들로부터의 질타로 초죽음이 되기 일쑤였다.

멸종된 생물을 복원한다는 것은 그리 간단한 사안이 아니다. 여러 번의 시행착오를 거치고 여러 해 반복되는 과정을 통해 개체군이 스스로 정착하고 번식할 수 있어야 하는데, 그렇기 위해서는 최소한 10년 이상의 장기적인 시간과 인내심이 요구된다. 가장 좋은 예로, 독일은 수달을 복원하는 데 무려 20년이란 세월이 걸렸으며, 일본은 1979년 마지막 수달이 목격된 이래 30년이 훨씬 지난 지금도 아직 복원에 성공하지 못하고 있다. 이 두 나라가 우리보다 기술이나 열정이 부족해서 그럴까? 그만큼 멸종위기 동물의 복원사업은 장기적인 안목에서 이루어져야 함에도 불구하고 우린 모든 일을 TV 뉴스에서 평가하고 그것을 통해 전 국민이 일괄적으로 교육받는 경향이 있다.

지금 지리산에 복원된 반달곰들은 대부분 러시아산이다. 2001년 시범적으로 방사되었던 '장군이'라는 곰이 있었으나 원래부터 국내에서 사육하던 곰이었기 때문에 러시아산과 유전자가 섞일 우려가 있어 후에 다시 사육장으로 회수되었다. 러시아에서 들여온 곰들은 바로 우수리스크 보호구역에서 가져온 것들이다. 곰들은 서로 영역 싸움이 잦아서 만일 새끼를 나무굴에 놔두고 다니다가 어미가 죽으면 당장 새끼 고아 곰들이 발생하게 되는데 이를 방치하면 다른 곰들이 가만 놔두질 않는다. 우수리스크 보호구역에서는 이런 고아가 된 곰들을 보호소로 데려와 안전하게 성체로 키워 방사하는데, 우리가 가져오는 곰들이 바로 이런 고아 곰들인 것이다. 그리고 우수리스크 보호구역은 곰 말고도 아무르호랑이가 서식하는 곳으로도 유명하다. 그곳에 가면 호랑이, 곰, 장수하늘소를 자연 상태에서 만날 수 있다. 그야말로 동북아 생태계의 마지막 보루인 것이다.

코틀리아 소장과 키라 박사의 방문 일정은 3박 4일이었는데, 둘째 날에는 각계 인사들을 모시고 한-러 장수하늘소 공동 연구사업에 대해 설명회를 갖기로 했다. 통역은 다행스럽게도 한국어를 유창하게 구사하는 러시아 아가씨가 수배되어 무난히 행사를 치를 수 있었다. 코틀리아 소장은 우수리스크 자연 보호구 내에서의 장수하늘소 서식 실태와 보호 정책 등에 대해 브리핑했다. 보고회에 참가했던 많은 사람들이 생소한 러시아어로 하는 발표가 신기한 듯 모두 집중하여 의외로 성과가 좋았다. 브리핑이 끝나고는 곤충박물관과 부설연구실을 들러 한-러 장수하늘소 공동연구소 현판식을 거행했다. 연구소가 폐교 시설을 리모델링한 곳이라 좀 누추했지만 적어도 러시아에서 온 사람들은 지금 이 모습을 흉보지 못할 거라는 자

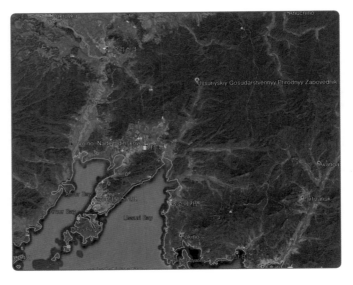

우수리스크자연보호구역

신감이 생겼다. 만일 내가 블라디보스톡에 가보지 않았더라면 상당히 쭈뼛거렸을지도 모르겠다.

3박 4일의 일정을 소화한 두 사람은 돌아가는 길에 앞으로의 협력관계에 대해 더 노력하겠다는 약속을 하고 떠났다. 그리고 다음해에는 우수리스크에 한-러 장수하늘소 공동연구소 러시아 분소를 차리기로 합의했다. 실제로 이 약속은 다음해에 지켜졌고, 코틀리아 소장은 이 프로젝트를 위해서 곤충을 전공하는 연구원을 별도로 채용했다. 그 친구가 바로 알렉산더 큐프린A. Kuprin 박사이다. 이때까지만 해도 우수리스크 사무소에는 곰, 호랑이, 나비, 식물을 전공한 사람들은 있었지만 갑충을 전공한 사람은 없었다. 또한 러시아과학원 극동분원(FEB RAS) 산하 기구로 존속해 왔던 우수리스크 자연 보호구는 이듬해부터 별도의 독립기관으로 승격됨으로써 코틀리아 소장의 입지가 크게 상승했다.

나는 기껏 좋은 관계를 이루어 놓았는데 또 사람이 바뀌면 어떡하나 하고 내심 걱정하던 중, 코틀리아 소장이 30년이 넘게 같은 직책을 맡고 있는 사실을 알고 매우 놀랐다. 아니 놀라운 정도가 아니라 이해가 되지 않을 정도였다. 우리나라 관공서의 예를 들어 비교해보자면, 내가

지방 환경청장들이 하도 수시로 바뀌기에 계산을 해보았더니 어떤 곳은 평균 임기가 10개월밖에 안 되는 곳도 있었다. 임기가 1년이 채 안 된다는 얘기다. 물론 어느 경우든 장단점은 있겠지만 윗사람이 바뀔 때마다 서로 이해도가 다르고, 전문성도 부족하다 보니 장기적인 복원사업을 추진하는 사람의 입장에서는 여간 어려운 것이 아니다. 아무튼 코틀리아 소장이 이 프로젝트가 끝날 때까지는 그 자리를 지키고 있을 거라는 소리를 들으니 든든했다.

5.
'네 번째 걸음'
러시아에 현지 연구소를
개설하다

2010년은 〈국제 생물다양성의 해〉였다. 때마침 MBC TV 측에서 생물다양성의 해 특집 다큐로 장수하늘소에 대해서 촬영하기로 했다며 협조를 요청해 왔다.

장수하늘소가 왜 우리 곁을 떠났으며, 또 복원을 위해서 어떤 노력을 하고 있는지를 조명하고 싶다는 취지였다. 그래서 살아 있는 장수하늘소의 이미지를 잡기 위해서는 러시아를 가야만 했다. 우리도 마침 러시아에 가기로 했으니 같이 가서 연구활동과 조사하는 모습을 찍으면 어떻겠냐고 했더니 흔쾌히 수락했다. 문제는 러시아 측으로부터 양해를 받아야 하는데 촬영장비의 반입이나 과학원의 동의를 먼저 얻어야 했다.

7월 20일, 러시아 측에서도 기꺼이 촬영에 협조하겠다고 연락이 왔다. 우리 측에서는 김현권 선생과 조수 2명 등 모두 4명이 가기로 했다. M사 촬영팀도 함께 동행하기로 일정을 짰지만 비자 문제로 무산됐다. 지금은 러시아와 무비자 협정이 체결된 상태지만(러시아와는 2014.1.1일부로 비자면제 협정이 발효되었다) 당시만 해도 비자 받는 데 어려움이 있었다. 아무리 학술연구라 하더라도 정식으로 초청장을 발급받아 비자를 신청하고 하면 몇 달씩 걸리기가 일쑤였다. 그래서 우리도 늘 관광 비자를 이용하고 러시아과학원 당사자들도 그러길 권했다. 그러나 MBC 촬영팀 측은 카메라 장비 때문에 관광 비자로는 갈 수 없다고 했다. 잘못하면 고가의 방송장비를 압수당할 수도 있기 때문이다.

MBC TV의 이번 원정의 큰 목적 중 하나는 자연 상태에서 살아 있는 장수하늘소를 촬영하는 일이다. 나도 그동안 4년간이나 왔다 갔다 했지만 장수하늘소가 출현하는 7~8월에 가본 적은 없었기 때문에 여간 기대가 되는 게 아니다. 나는 MBC TV 측이 함께 동행을 하지 못하기 때문에 나름대로 기록을 위해 방송이 가능한 3판식 캠코더를 준비했다. 이번 러시아 방문의 가장 중요한 목적은 뭐니 뭐니 해도 현지(우수리스크 보호구역 내)에 공동연구소를 개설하는 것이다. 2009년 1월, 영월에서 〈한-러 장수하늘소 공동 복원연구소〉를 오픈하면서 코틀리아 소장과 키라 박사가 다녀가고는 그 뒤로 러시아 우수리스크 현지에 연구소 및 실험실을 차리는 문제를 줄곧 협상해 왔었다. 그러나 무엇보다도 실질적인 연구소를 열기 위해서는 그쪽에서 사무실을 내주어야 하는데, 러시아 쪽 사정도 상당히 열악한 상태라서 연구소 공간을 얻는 것이 결코 쉬운 일만은 아닐 것이라 기대 반 근심 반 하고 있었다.

정 안 되면 숲 속에 컨테이너라도 갖다놓고 현판을 걸어놓을 생각까지 했었는데 드디어 우수리스크 보호구역 내에 있는 사무소 건물에 방을 하나 내주겠다는 통보를 받았다. 물론 방만 내주면 그 속에 인큐베이터와 기타 실험장비들을 내가 공급해주겠다고는 했지만 이것은 단순히 방 하나를 얻는 이상의 상징적인 중요한 사건이 아닐 수 없다. 국가기관도, 공공기관이나 대학도 아닌 사립연구소에서 러시아과학원 산하기관에 한국을 대표하여 공동연구소를 개설한다는 것은 실로 가슴 벅찬 일이 아닐 수 없다. 과연, 어느 공간을 어떻게 제공하려 하는지 궁금할 따름이다.

떠나는 날, 한국은 비가 내렸다. 일기예보를 보니 장마 전선이 이례적으로 한반도 이북까지 치고 올라가 블라디보스톡에 걸쳐 있는 게 아닌가. 상당히 걱정스러운 일이 아닐 수 없다. 비가 오면 숲에 들어갈 수도 없고, 들어간다 해도 장수하늘소를 보기는 더더욱 어렵다. 그러나 궂은 날씨가 취미로 구름을 연구하는 나에게는 반가운 일면도 있었다. 비행기에 탑승하기 전, 카메라 렌즈를 광각렌즈로 갈아 끼웠다. 이것은 비행기 탈 때마다 항상 습관처럼 해오던 작업으로, 오늘처럼 비가 오고 구름이 끼면 상공에서는 오히려 좋은 구름사진을 건질 수 있기 때문이다.

항상 그렇듯이 오늘도 날개를 피해서 창가 측 좌석을 예약해 두었다. 창가 쪽 좌석을 잡는 것은 그리 어려운 일이 아니지만 날개를 피하고 그것도 역광을 피하기 위해

천안함 사태 이후 바뀐 항로(기내촬영)

태양의 반대편 좌석이라면 그다지 선택의 여지가 없는 경우가 많다. 결국 맨 앞쪽 아니면 꼬리 쪽인데, 앞쪽은 워낙 경쟁이 심해 내 차지가 되는 경우는 드물고 보통은 별로 내키지는 않지만 하는 수 없이 꼬리 쪽 좌석에 앉는 것도 이젠 익숙해졌다.

잔뜩 기대에 찬 나는 지난번처럼, 비행기가 한강 상류를 따라 강원도 쪽으로 향한 뒤 동해에서 블라디보스톡으로 갈 것으로 예상했다. 그러나 활주로를 이륙한 비행기의 항로는 내 생각과 전혀 다르게 움직였다. 원래대로라면 이륙 직후, 동쪽으로 기수를 틀기 위해 영종도 갯벌을 저공으로

장수하늘소, 날개를 펴다

선회하면서 아름다운 갯벌의 모습을 감상할 수 있는 환상적인 비행이 되었어야 했다. 그러나 비행기는 이륙하자마자 바로 북서쪽으로 기수를 돌리는 것이었다. 잠시 후 모니터에 나타난 항로 정보를 보니 뜻밖에 중국 심양 쪽 상공을 거쳐 돌아가는 것이 아닌가. 당시 천안함 사태(2010. 3. 26)로 불거진 남북관계와 동해상의 한미합동훈련으로 인해 항로가 바뀌었던 것이다. 가까운 항로를 놔두고 멀리 돌아서 가야만 하는 분단의 현실이 안타까웠다.

그러나 아쉬움도 잠시, 이 비행기가 중국 영공을 통해 블라디보스톡으로 간다면 바로 장수하늘소가 살고 있는 산림의 상공을 지나게 된다고 생각하니 벌써부터 아드레날린이 분비되기 시작했다. 새삼 흥미진진하여 한순간도 창가에서 눈을 뗄 수 없었다. 비록 고도 10km 상공이지만 저 아래 어느 산에 장수하늘소가 살고 있을까. 이곳일까? 아니면 저곳일까? 주름진 산맥과 꼬부라진 강줄기 등 나의 상상의 나래는 끝이 없이 펼쳐졌다. 서해안 상공의 구름은 위도가 북으로 올라갈수록 점점 걷혀지고 있었다. '아뿔싸, 만일 이 비행기가 중국과 북한의 국경지대를 비행한다면 백두산 상공을 날게 되는 것은 아닌가.' 순간 또 한 차례 마음이 바빠졌다. 천지를 하늘 위에서 찍을 수 있는 기회가 어디 그리 쉬운 일인가.

스튜어디스들이 기내식을 준비하느라 여기저기 분주히 움직이고 있었다. 나는 어린아이처럼 흥분하여 바삐 지나가는 승무원을 붙들고 백두산 지나가는 시간을 물었다. 별로 달갑지 않은 질문에 마지못해 친절한 척 웃음 짓는 승무원이 기장한테 물어보고 알려준다고 했다. 한참 후 승무원 한 명이 다가와 비행기가 이미 백두산을 지났으며, 구름이 껴서 보이지도 않았다고 했다. 나는 하는 수 없이 돌아올 때를 기약해야만 했다. 쑹화강쯤으로 보이는 강줄기가 보이고 얼마 지나지 않아 비행기는 러시아 영공으로 들어섰다. 걱정과는 달리 러시아 하늘은 쾌청했다. 얼마나 다행인지 모르겠다.

이 비행기가 중국 영공을 통해 블라디보스톡으로 간다면 바로 장수하늘소가 살고 있는 산림의 상공을 지나게 된다고 생각하니 벌써부터 아드레날린이 분비되기 시작했다. 새삼 흥미진진하여 한순간도 창가에서 눈을 뗄 수 없었다.

공항에는 코틀리아 소장이 직접 마중 나와 있었다. 우수리스크에서 2시간 30분 정도를 운전해서 오는 것이기 때문에 미안했지만, 사실 나도 한국에서는 강원도 영월에서 인천까지 3시간이 넘는 거리를 마중 나가 영접했기 때문에 상호 돈독한 의전예의로 받아들였다. 좁은 청사를 나서 주차장으로 나가니 첫눈에 달라진 것은 그의 전용차었다. 2년 전에 왔을 땐 자동차를 렌트해서 마중 나와 줬는데, 이번엔 날렵한 도요타 지프를 갖고 나온 것이다. 코틀리아 소장뿐 아니라 블라디보스톡의 모든 차량이 일제 자동차 일색으로 바뀐 점이 인상적이었다. 아마도 러-일 간 빅딜이 있었던 건지, 아니면 자동차 딜러들이 벌크로 일제차를 들여왔는지 둘 다 가능성은 있었다.

2007년에 왔을 때만 해도 블라디보스톡의 시내버스는 모두 우리나라에서 폐기처분한 버스를 그대로 가져다 썼었다. 그것도 버스 노선표도 지우지 않은 채 여기 저기 달렸는데, 구파발, 말죽거리, 화계사 등 낯익은 번호판을 볼 때마다 우습기도 하고 놀랍기도 했다. 당시만 해도 그 정도로 러시아 경제는 형편이 없었다.

코틀리아 소장은 영어가 서투르기 때문에 2시간 반 동안 몇 마디 못 건네고 우리끼리 차장 밖의 풍경을 보면서 첫인상에 대해 떠들었다. 김현권 선생은 특히 내가 처음 이곳을 보았을 때 느꼈던 것처럼, 산이 없는 광활한 평야에 충격적인 인상을 받은 것 같았다. 이 광활한 평야가 그 옛날 우리 고구려의 땅이요, 발해의 땅이 아니던가.

늘 신기하게 생각하는 점이지만 장수하늘소가 유독 고구려 영토에 집중적으로 분포한다는 사실은 항상 나를 경이롭게 한다. 그 옛날, 고구려인이나 발해인들 중 누군가는 장수하늘소를 갖고 놀았을 것이 분명하다. 우리들이 어렸을 적 그랬던 것처럼…. 특히 나를 가장 흥분하게 하는 것은 장수왕도 어릴 적에 장수하늘소를 잡아서 더듬이를 붙들고 돌다래미를 하며 놀았을지 모른다는 사실이다. 왜냐하면 장수왕이 태어나서 성장했던 지안(集案) 지역은 지금도 장수하늘소의 분포지이기 때문이다. 지안은 유리왕이 서기 3년 졸본(또는 홀본)에서 도읍을 옮긴 이래 427년

당시 블라디보스톡 시내버스는 모두 한국에서 들여온 중고차였는데 도색도 하지 않은 채 그대로 사용했었다. 뒷유리창에는 "IMF 시대는 절약뿐, 대중교통 이용합시다"라는 한글 스티커가 그대로 붙어 있다.(2006.9.8, 블라디보스톡)

다시 장수왕이 평양으로 천도할 때까지 무려 4세기가 넘는 동안 명실공히 고구려의 수도였다.

물론 장수하늘소의 장수(將帥)와 장수왕의 장수(長壽)는 서로 뜻이 다르다. 고구려 제20대 왕으로서 무려 79년의 재위기간을 보낸 장수왕(394~491)은 98세까지 살아 장수했기 때문에 붙여진 묘호이지만 장수하늘소의 장수는 가장 크다는 의미로 사용되는 將帥이다. 인간의 세계에서는 '왕' 아래에 '장수'가 있지만 우리나라 곤충의 이름에서는 '왕'보다 큰 것을 '장수'라 부른다. 예를 들어 고구려 장수왕이 백제를 침공할 때 선봉장으로 내세웠던 대로 '제우(齊于)', '재증걸루(再曾桀婁)', '고이만년(古爾萬年)' 등은 모두 장수왕(長壽王) 수하의 백제계 장수(將帥)들이다. 하지만 곤충의 세계에선 왕 위에 군림하는 장수가 있다. '왕잠자리'보다 큰 것이 '장수잠자리'고, '왕풍뎅이'보다 큰 것이 '장수풍뎅이'이며, '왕노린재'보다 더 큰 것이 '장수허리노린재'다. 이 외에도 '장수말벌' 등 각 과별 곤충 중에서 가장 큰 것에 장수라는 이름이 붙여졌다. 마찬가지로 장수하늘소 역시 하늘소과 중에서 가장 큰 하늘소인 것이다.

또 하나의 장수하늘소에 대한 오해는 장수하늘소가 오래 사는 줄 아는 사람들이 많다. 그러나 장수하늘소는 장

7세기 초 고구려 영토

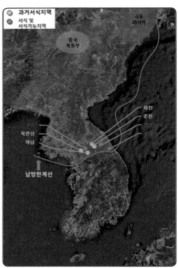

장수하늘소 주요 분포도

수하지 못한다. 일 년 중 가장 무더운 시기인 7−8월에 성충
으로 태어난 장수하늘소는 짝짓기와 산란을 마친 뒤 9월도
넘기기 못하고 죽게 되는데, 결국 성충으로서의 삶이란 겨
우 한 달밖에 되지 않는 셈이다. 즉, 장수(將帥)하늘소는 장
수(長壽)하지 못한다는 말이다. 왕사슴벌레가 성충으로 2~3
년 정도 사는 것에 비하면 지극히 짧은 삶이다. 하지만 장
수하늘소는 유충으로 5~7년 정도의 긴 시간을 나무 속에
서 지내는 점이 특징인데, 이런 특이한 라이프사이클은 매
미나 잠자리류에서도 나타난다. 특히 매미는 보통 7년을 땅

장수하늘소, 날개를 펴다

속에서 굼벵이로 살다가 나무 위로 올라와 성충이 된 뒤로는 채 1주일밖에 살지 못하는 것과 비슷하다.

이처럼 곤충의 삶에서 성충(어른벌레)의 의미는 우리 인간계와는 사뭇 다르다 할 수 있다. 즉 성충은 종족 번식을 위한 단계일 뿐, 유충기가 더 중요한 것들이 있다. 따라서 장수하늘소의 본질은 성충보다는 유충에 있으며, 유충은 5~7년간 오래되고 쇠퇴한 나무를 파먹어 쓰러뜨림으로써 숲을 새롭게 태어나게 하는 역할을 하는 것이다. 실제로 장수하늘소의 기주목으로 잘 알려진 서어나무는 숲의 천이과정 중 마지막 단계인 극상림에서만 발견되는 대표적인 수종이다. 장수하늘소의 주된 서식지였던 경기도 광릉의 소리봉일대 천연림이 바로 극상림의 대표적인 예이다.

장수하늘소는 이러한 극상림에서 열세한 나무만을 골라 알을 낳는데, 알에서 깨어난 유충이 나무 속으로 파고들어가 5~7년 동안 나무를 갉아먹게 되면 사실상 나무 속은 벌집처럼 터널들이 생겨 나중에는 약한 바람에도 힘없이 쓰러지게 되는 것이다. 장수하늘소 애벌레가 다 갉아먹고 쓰러뜨린 나무는 이미 속이 텅 비거나 톱밥만으로 채워져 그때부터는 개미군단이 분해할 차례가 된다. 나무는 그렇게 티끌로 분해되어 흙이 되고 양지를 제공함으로써 숲

일행이 묵었던 호텔 전경

의 새로운 세대교체가 진행되는 것이다. 이처럼 숲에서 장수하늘소의 역할은 나무를 쓰러뜨려 분해시키는 종결자적 위치에 있는 것이고 이것이 바로 장수하늘소의 존재이유(Raison d'être)인 것이다.

블라디보스톡 공항에서 2시간 정도를 달리니 제법 낯익은 곳에 접어들었다. 벌써 우수리스크에 도착한 것이다. 여기서 약 20분 정도 더 가면 미할롭스크 고려인촌이 있는데, 이 지역은 소위 카레이스키라고 불리는 고려인들의 집단 거주촌이 있단다. 언제 기회가 되면 꼭 한번 들러보고 싶은 곳이다.

코틀리아 소장은 우수리스크 사무소 인근에 있는 4층짜리 자그마한 호텔에 숙소를 잡아주었다. 거기엔 이미 키라와 알렉산더가 마중 나와 있었다. 키라 박사는 전보다 더 살이 찐 것 같고 알렉산더는 그동안 이메일로만 주고받아서 상당히 궁금했는데, 눈이 크고 매너가 있는 젊은 친구였다. 사실 키라 박사는 곰 전문가였기 때문에 코틀리아 소장이 이번에 곤충을 전공하는 알렉산더를 장수하늘소 프로젝트를 위해 별도로 채용한 것이다.

우린 짐을 풀고 간단히 씻은 후 1시간 후에 지하에 있는 식당에서 만나기로 하고 헤어졌다. 그리고 미리 알려주었던 스케줄 중에 현판식은 날씨 관계상 이틀 후로 미루기로 합의했다. 결국 장수하늘소를 관찰할 수 있는 숲은 내일 하루밖에 볼 수 없는 상황이었다.

저녁을 먹고 짧은 담소를 나눈 우리는 내일을 기약하며 바로 헤어졌다. 밖에서는 반갑지 않은 빗소리가 계속 들렸다. 비는 밤새 오락가락했는데 호텔 지붕이 함석으로 되어 있는 통에 시끄러워 잠을 설쳤다. 나는 원래 탁상시계도 잠잘 때는 이불장 속에 묻어둘 정도로 예민한 편이라서 양철지붕에 비 떨어지는 소리는 아무리 피곤하다 해도 깊은 잠은 청할 수 없었다.

다음날 아침, 게다가 소풍 가기 전날 잠 못 이루는 초등학교 2학년 아이처럼 내일 과연 장수하늘소를 만날 수 있을까 하는 설레임에 잠이 오지 않았다. 빗줄기는 보슬비처럼 한결 세력이 약해졌지만 이미 땅바닥은 군데군데 물웅덩이가 생긴 상태였다. 9시 정각이 되자 알렉산더가 호텔로 차를 갖고 찾아왔다. 카메라와 포충망, 그리고 약간의 군것질거리를 배낭에 넣고 지프에 올랐다. 물론 포

낯선 이방인을 보고 신기해 하는 러시아 꼬마들

충망으로 장수하늘소를 잡을 수는 없겠지만 여기까지 왔
으니 나비라도 몇 마리 건질 수 있을까 해서였다. 하늘은
잔뜩 찌푸려 있었으나 그래도 다행스러운 것은 지금 우리
가 향하고 있는 방향으로 하늘이 약간 열려 있는 점이었
다. 국내 최초로 구름도감까지 펴낸 나의 직감으로는 날
씨는 이제부터 점차 개고 있는 것이 틀림없다.

　내 생각은 적중했다. 우수리스크 시내에서 1시간 30
분가량 달려 숲에 도착하자 하늘이 우리를 반기듯이 쨍하
고 열리기 시작했다. 천운이었다. 이런 날 비가 온다는 것
은 결혼식날 비가 오는 것보다 더 암울한 일이 아닐 수 없

장수하늘소, 날개를 펴다

다. 우리에게는 오늘 하루밖에 없기 때문이다. 현장 사무실에 도착하니 모두들 우리 일행을 반갑게 기다리고 있었다. 코틀리아 소장도 나와 있었다.

우린 우선 지프를 갈아타기 위해 기다렸다. 나는 왜 차를 갈아타야 하는지 잘 몰랐지만 잠시 후 두 대의 허접한 지프가 도착했다. 그래도 놀라운 것은 2년 전에 밑바닥이 다 들여다보이던 러시안 지프는 아니었다. 2년 동안 많은 변화가 있었음을 알 수 있었다. 두 대의 차에 나눠 탄 우리는 숲으로 숲으로 달려 들어갔다.

비포장도로에 웅덩이가 패이고 물이 괴어 장수하늘소가 사는 숲으로 들어가는 여정은 영화 「인디애나존스」에서나 볼 수 있는 탐험 그 자체였다. 그런 비포장 길을 코틀리아 소장은 지프를 시속 100km 이상 몰았고 우리들의 엉덩이는 잠시도 의자에 붙어 있을 틈이 없었다. 머리는 차천정에 수십 번도 더 부딪쳐 멍멍했다. 차가 얼마나 흔들어대는지 우리가 타고 있는 것은 이미 자동차가 아니었다. 그것은 오히려 롤러코스터와 바이킹, 그리고 청룡열차의 혼합 그 자체였다. 그제야 왜 소장이 자기 차를 가져오지 않았는지 알 수 있었다.

웅덩이 고인 곳마다 제비나비가 수십 마리씩 모여 물

1950년대 미군 지프의 위용

을 빼는 모습은 가히 환상적이었다. 표범나비류는 말 그대로 바글바글했다. 천국이 따로 없었다. 이런 원시림을 느끼는 게 얼마 만인가?

그렇게 숲속 길을 100km로 2시간 이상이나 달렸다. 비가 온 후라 중간 중간 물이 범람해 길을 막았고 무적 지프는 깊이가 30cm 이상 되는 물길을 여러 번 건너며 물살을 갈랐다. 50년 전 광릉에 아버지와 함께 지프를 타고 건너던 모습이 데자뷰처럼 문득 떠올랐다.

그러니까 내 나이 대여섯 살쯤 되었을 때니까, 아마 1960년 여름이었던 것 같다. 한국전쟁이 끝난 지 채 10년도 안 되었을 때였기 때문에 우리나라에 자동차가 귀할 때였지만 미8군에 근무하던 아버지는 전용 지프(Jeep)차

장수하늘소, 날개를 펴다

가 있었다. 당시에는 군용 지프가 두 종류 있었는데 한국 군이 사용하던 것은 월리스(Willys)사에서 제작된 1943년 형 MB 모델이었고 미군이 사용하던 것은 AM(아메리카모터 스) 제네럴사의 신형 지프였다. 월리스사의 지프는 제2차 세계대전 때부터 미군이 사용하던 것을 한국군에게 양도 한 것이고 AM 제네럴사의 M151은 1959년부터 생산된 신형 지프였다. 어린 나이에도 구별할 수 있었던 외관상 특징은 라디에이터 그릴의 차이였다. 월리스사의 지프는 수직 그릴을 채택한 반면 AM 제네럴사의 그릴은 수평 그 릴을 사용한 점이었다.

그때는 이태원에 살던 때라 아버지는 이 차에 식구들

1960년 7월, 나는 이 미군 Jeep를 타고 광릉천을 건넜다.

우수리스크 숲은 광릉숲과 많이 닮았다.

을 태우고 광릉에 자주 놀러 갔었다. 한 번은 장마철에 광릉천을 건너는데 물이 불어 차 안까지 들어와 어린 마음에 재미있고 신이나서 환호를 질렀던 기억이 생생하다. 물론 그때는 광릉이 장수하늘소 서식지인지 알 까닭이 없었고 그 후로 다시 광릉을 찾게 된 것은 대학생이 되어서였으니 십수 년이 흐른 뒤였다. 인생에서 십수 년이란 대단한 것 같지만 숲의 시간 단위에서 10년 20년은 아무것도 아닌 것이리라. 그런 점에서 볼 때 어린 날 접했던 광릉의 추억은 어쩌면 50년 후의 오늘을 암시하기 위한 것은 아니었을까.

그날의 찰나 같은 추억은 내 인생에서 마치 소설의 희미한 복선처럼 작용하고 있었던 것 같다. 5살 바기 어린

장수하늘소, 날개를 펴다

애가 지프로 광릉숲을 지날 때 높은 나뭇가지 위에서 나를 지켜보았을 어느 장수하늘소는 머지않아 멸종이 될 자신들의 운명을 미리 예감하며 반바지 입은 철부지 소년에게 훗날 종의 부활과 복원을 기원했을지도 모르겠다. 그러지 않고서야 곤충학자도 아닌 내가 왜 장수하늘소 복원에 인생을 걸었던 것일까 설명하기 힘들기 때문이다.

코틀리아 소장 일행(우수리스크)

밤새 내린 비로 곳곳에 물길이 생겨 가던 길을 돌아가곤 했다. 우수리스크 숲은 여러모로 우리 광릉숲과 너무 닮았다.

막내 격인 알렉산더는 이래저래 바쁜 몸이었다. 착실한 친구였다. 차에서 내린 알렉산더와 우리 일행은 장수하늘소가 보이는 나무를 찾아 나섰다. 20분쯤 숲 속으로 더 들어가자 앞서가던 알렉산더가 수신호를 보내왔다. 오래된 느릅나무를 가리키며 이곳이 바로 자기가 관찰 중에 있는 '샘플 트리'라고 말해줬다. 생각보다는 싱싱한 나무였는데 높이는 20m쯤 되어 보였고 흉고 직경은 80cm 정도였다. 예전에 보았던 나무들에 비해서는 죽은 가지도 없고 상당히 건강해 보였다.

이리저리 둘러보고 사진 찍고 하는 중에도 장수하늘소는 보이지 않았다. 그러던 중 한 나무의 꼭대기쯤에서 무언가가 붙어 있는 듯싶었다. 직감적으로 나는 그것이 장수하늘소일거라는 생각이 들었다. 그래서 흥분한 나머지 나도 모르게 "장수하늘소다!"라고 소리쳤다. "응? 어데, 어데?" "걸레(그렇네의 진주 사투리)" 김 선생이 경상도 특유의 억양으로 놀래서 다가왔다. 높이 있어서 작게 보였지만 자세히 보니 8~9cm 정도가 되는 장수하늘소임에 틀림없었다. 거꾸로 서서히 내려오고 있었는데 암컷임을 금방 알 수 있었다. 산란관을 길게 뽑아 계속 산란을 하고 있는 것이었다. 특이한 점은 사육실에서는 여러 개를 한 곳에 낳는 것만 보았는데 자연 상태에서는 20~30cm 간격으로 옮겨 다니며 낳았다. 자연 상태에서의 산란 장면은 처음이었기 때문에 여간 흥분되는 일이 아니었다. 아니 여지껏 그 누구도 자연 상태에서 산란하는 모습을 직접 보지는 못했을 것이다.

녀석은 한참 산란하며 밑으로 내려오더니 다시 방향을 틀어 올라갔다. 여기저기 탈출공들이 몇 개 있었는데 저 성충이 바로 오늘 나온 것을 확인시켜 주는 탈출공 하나가 1.8m 높이에서 발견되었다. 오늘 아침까지 비가 왔기 때문에 오래된 탈출공들은 이미 비를 맞아 톱밥이 다 젖어 있었지만 하나의 탈출공만은 물기가 전혀 묻지 않은 상태로 있었기 때문에 이곳에서 나온 것임을 확신할 수 있었다. 만일 오늘도 계속해서 비가 왔더라면 이런 행운은 만나지 못했을 것이다.

알렉산더는 그만 철수하자며 다음 길을 재촉했다. 유충이 있는 나무를 보여주겠다는 것이다. 아쉬움을 뒤로 한 채 시간 관계상 떨어지지 않는 발걸음을 돌릴 수밖에 없었다. 식물이 전공인 김 선생은 그 와중에도 주변의 식생을

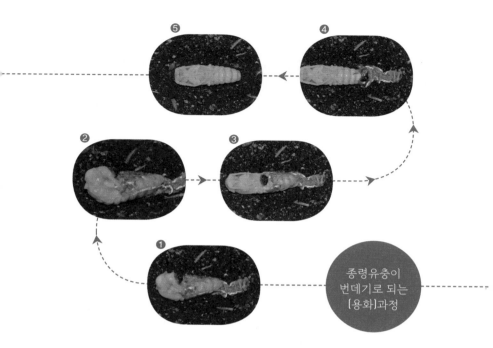

종령유충이
번데기로 되는
(용화)과정

조사하고 체크하느라 제일 뒤쳐졌다. 알렉산더가 자꾸 신
경을 쓰고 있었다. 혹시라도 장수하늘소를 잡아가지나 않
을까 하는 눈치였다. 한 20분을 또 이동해 숲으로 더 들어
갔다. 이동 중에도 도로가에 차가 세워져 있거나 하면 다
들 멈춰서 출입증을 확인하곤 했다. 그곳은 보호구역이기
때문에 일반인들이 들어올 수 없는 곳이지만 버섯(황금느타
리버섯)을 따다 팔기 위해 몰래 들어오는 사람들이 많단다.
　숲 속에는 별도의 길이 있는 것이 아니었다. 다만 나무

장수하늘소, 날개를 펴다

가 들어서지 않은 곳을 길 삼아 들어갔다. 큰 길에서 한 300m 정도 들어서자 쓰러진 고목과 토막들이 보였다. 쓰러진 나무는 다름 아닌 장수하늘소 유충들이 속을 다 파먹어 붕괴된 것들이었다. 몇 십 마리가 한 나무에 살게 되면 속은 벌집 쑤셔놓은 듯 구멍이 나서 결국 강풍에 쓰러질 수밖에 없다.

장수하늘소 유충은 특히 밑둥치 부분에서 많이 발견되는데 이 점도 역시 나무를 쓰러뜨리는 결정적인 요인이라 할 수 있다. 이렇게 쓰러진 나무들은 부스러기가 되어 다시 숲을 거름지게 하는, 다시 말해서 숲에서의 장수하늘소의

장수하늘소 애벌레가 파 먹은 식흔 (러시아 우수리스크)

러시아산 장수하늘소 수컷 크기 102mm 대형이다.
(우수리스크 사무실에서)

역할은 오래된 숲을 다시 젊은 숲으로 환원시키는 데 생
태계의 중요한 종결자적 역할을 담당하는 일원이라 할 수
있다. 애벌레는 찾을 수 없었지만 장수하늘소가 파먹은 것
은 확실했다. 지금도 이 속에는 몇 십 마리가 살고 있는 것
이 분명하였다. 청진기와 내시경을 가져오지 않은 것이 후
회되었다.

사무실로 돌아오니 알렉산더가 몇 일 전 숲에서 잡은
거라고 커다란 장수하늘소 수컷을 내게 보여주었다. 와-
우! 이렇게 가까이서 실물을 만져보는 것은 처음이다. 녀
석은 저를 보기 위해 멀리 한국에서 온지도 모르고 금방

이라도 물어뜯을 듯 안테나를 쫑긋거리며 큰 턱을 가위질
하였다. 너 나랑같이 한국 가자! 한국말을 못 알아듣는 듯
하였다. 가져가고 싶은 마음 굴뚝같았으나 눈물을 머금고
돌려주었다. 알렉산더는 씩-하고 웃었다. 내 마음 잘 알
지만 자기도 어쩔 수 없다는 표정이다.

우수리스크 TV와 인터뷰

연구소 현판식을 하다

　다음날 9시에 호텔을 출발해 다시 보호구역 연구소로 향했다. 코틀리아 소장은 어제 보호림 내 사무소에서 묵은 것 같았다. 나중에 알게 되었지만 코틀리아 소장은 사무소 바로 옆 사택에 살고 있었다. 나는 한국에서 미리 준비해온 현수막을 걸고 현판 붙일 자리를 상의했다. 연구실은 1층 방을 하나 내주었는데, 그건 바로 내가 원하던 바였다. 현판은 방문에 걸 생각을 했었는데 코틀리아 소장은 오히려 건물 입구 벽에다 붙이자는 것이었다. 나로선 마다 할 이유가 없었다. 그 또한 내 기대 이상이었다. 우리말로 된 현판을 러시아과학원 연구소 건물 입구에 건다는 것은 감히 생각해본 적도 없었기 때문이다.

　돌이켜보니, 처음 낯선 편지를 띄워 막연한 시도를 했던 지난 2006년 이후 4년 만에 나는 이곳 러시아 땅에 태극기를 꽂게 된 것이다. 코틀리아 소장은 지역 TV를 불러 인터뷰까지 시켜주었다. 감격적인 순간이었다. 나는 "오늘이야말로 역사적인 순간입니다."라는 멘트

러시안 봉고

장수하늘소, 날개를 펴다

로 인터뷰를 시작했다.

밤새 비가 내리고 있었다. 어제 본 장수하늘소가 새삼 고맙게 느껴졌다. 오늘은 입가에 웃음을 지으며 잠들 수 있었다.

수령 700년된 우수리스크의 느릅나무숲이 장수하늘소의 주 서식처이다.(직경이 120cm, 길이 20m 가 넘는 나무에 장수하늘소가 붙어

3장
장수하늘소,
날개를 펴다

1.
곤충에서
번데기란?

　　장수하늘소는 완전탈바꿈을 하는 갑충으로서 [알]→
[애벌레]→[번데기]→[어른벌레]의 생장 단계를 거친다.
곤충의 성장 과정에서 번데기 과정을 거치는 것을 완전
탈바꿈이라 하고 번데기 과정 없이 바로 성충이 되는 것
을 불완전탈바꿈이라고 하는데 나비류와 갑충류, 파리,
모기 등이 전자에 속하고 잠자리, 메뚜기, 매미 등이 후
자에 속한다.

　　번데기라는 단어는 우리에게는 길거리 간식으로 익숙
하지만 곤충에게는 성충이 되기 위한 마지막 통과의례 같
은 중요한 과정이기도 하다. 먹이사슬의 가장 아랫단계

118

에 있는 곤충은 알, 애벌레, 번데기, 어른벌레 전 과정이
포식자들로부터 공격의 대상이 되겠지만 번데기 과정은
특히 몸을 움직일 수 없다는 점에서 더욱 취약하다. 따라
서 나비목(나비, 나방)의 경우 4번의 탈피를 마친 종령유충
은 번데기를 틀기에 적당한 그늘지고 구석진 곳을 찾아
여기저기 분주히 돌아다닌다. 새들이나 천적으로부터 눈
에 잘 띄지 않을 만한 곳을 찾은 유충은 입에서 실을 토해
몸을 나뭇가지에 묶거나, 거꾸로 매달리거나, 또는 땅바
닥에 누운 채 번데기 과정에 돌입하게 된다.

반면에 유충기를 나무 속에서 보내는 하늘소나 사슴
벌레의 경우는 나비류 애벌레처럼 노출되어 있지 않아 마
냥 안전할 것 같지만 이들에게는 역시 딱따구리나 크낙새
처럼 나무 속에 사는 애벌레만 먹고 사는 천적으로부터의
위험이 항상 도사리고 있다. 특히 번데기를 틀 때가 되면
나무 중심부를 먹으며 상하로 움직이던 애벌레는 나무 속
에서 우화한 뒤 나무껍질을 뚫고 나오기 쉽도록 표피에
가까운 쪽에 번데기방을 만든다.

갑충의 번데기 과정은 나비류와는 약간 달라서, 번데
기가 되기 직전에 번데기방(용실: 踊室)을 만드는 습성이 있
는데, 이때가 되면 입에서 분비물을 내어 흙이나 톱밥 등

을 다지면서 벽이 무너지지 않도록 번데기방을 만드는 게 일반적이다. 번데기는 그 공간에서 수시로 몸을 뒤척여야 하고 성충이 되기 위한 마지막 탈피도 해야 하기 때문에 안정된 공간이 확보되지 않으면 우화에 실패하거나 기

장수하늘소 탈출공
(우화공이라고도 한다)

우화공 단면(수평)
(번데기방)

우화공의 크기

우화공 단면(수직)

우화공의 깊이(20cm)

장수하늘소, 날개를 펴다

형이 될 확률이 높다. 그래서 아이들이 집에서 장수풍뎅이 유충을 기를 때에도 이 시기를 가장 조심해야 한다. 애벌레 때에는 사육통에서 꺼내어 손으로 만져보고 해도 되지만, 일단 번데기방을 만들기 시작하면 애벌레는 절대안정을 필요로 한다. 호기심 많고 참을성 없는 아이들은 이때 사육통을 흔들거나 꺼내보게 되는데, 이때 번데기방이 무너지면 나중에 성충이 될 때 날개가 일그러지거나 뿔이 비뚤어지는 등 기형으로 나올 확률이 많은데 이런 상태를 우화부전(羽化不全)이라 한다.

다 자란 장수하늘소의 유충은 길이가 10cm가 넘게 되고 굵기는 어른의 가운데 손가락 굵기보다도 훨씬 굵어진다. 그러기 때문에 장수하늘소 유충은 나무의 흉고직경(가슴 높이에서의 나무 지름)이 최소한 40cm 이상은 되어야 천적으로부터 안심하고 먹이활동을 할 수 있게 된다.

러시아의 경우 장수하늘소 기주목은 주로 5~600백 년 된 느릅나무를 먹고 사는데, 이는 상대적으로 기껏해야 3~50cm 정도밖에 되지 않는 서어나무에 기주하는 우리나라 광릉숲의 장수하늘소 애벌레보다는 훨씬 안전한 편이라고 볼 수 있다. 한때 광릉숲에 서식했던 크낙새의 주먹이원이 장수하늘소 애벌레라는 사실을 유추하면 오늘날 크낙새가 왜 광릉숲을 떠나갔는지 한층 더 명쾌해진다. 크낙새는 장수하늘소의 천적이다. 서로 천적관계에 있는 두 생물이 모두 천연기념물이고 멸종위기종이라는 것도 아이러니이다.

오늘날 지구온난화라는 화두는 일부 핑계대기 좋아하는 생물학자들에게 좋은 변명거리를 만들어 주었다. 학자들은 어느 한 종이 사라지면 그 이유를 서슴없이 온난화의 영향으로 치부해 버리는 경향이 있다. 크낙새도, 장수하늘소도 온난화로 인해 광릉숲을 떠났다고들 한다. 1980년대 말까지 영월 쌍용의 나지막한 야산에 마지막으로 서식했던 상제나비도, 태안군 신두리 사구에서 땡볕에 낑낑대며 뒷발로 소똥을 굴리던 왕소똥구리도 모두 온난화 때문에 없어졌을 가능성도 있다고들 한다.

과연 그럴까? 인간은 자신들의 무지나 파렴치를 우아한 학술용어로 포장하고 싶어 한다. 오로지 침엽수 조림사업에 올인하던 과거 산림 공무원들에게 다 죽어가는 서어나무 군락쯤은 손 없는 날 걷어내야 하는 조상님 무덤가에 칡덩굴 정도로밖에 여겨지지 않았다. 한 마리에 30만 원씩 거래되는 상제나비를 생물 다양성을 걱정하여 포획의 유혹으로부터 뿌리칠 아마추어 콜렉터는 아무도 없었다. 또

한 바닷가 모래언덕에 그림 같은 팬션 단지를 꿈꾸는 어촌 마을 주민들에게 소똥이야말로 우선적으로 해치워야 하는 개똥같은 존재였을 것이다. 자신들의 손으로 베어 내던 그 서어나무에 몇 대에 걸친 장수하늘소 애벌레들이 그 속에 살고 있는지, 농민들이 돌밭을 일구며 애써 심어 놓은 농

오늘날 지구온난화라는 화두는 일부 핑계대기 좋아하는 생물학자들에게 좋은 변명거리를 만들어 주었다. 학자들은 어느 한 종이 사라지면 그 이유를 서슴없이 온난화의 영향으로 치부해 버리는 경향이 있다.

작물도 아랑곳하지 않고 눈썹이 휘날리게 쫓아가서 포충망을 휘둘러 낚아채던 흰 나비가 이 땅에서의 마지막 상제나비였다는 사실도, 팬션 터를 닦기 위해 포크레인으로 파헤친 흙더미 속에 새로 태어날 왕소똥구리 애벌레들이 얼마나 허무하게 말라 죽어 갔는지 몰랐던 것이다.

이제야 광릉수목원은 활엽수의 중요성을 인식하고 활엽수 특화사업을 벌이는가 하면, 신두리 지역 주민들은 사구축제를 열고, 있지도 않은 '소똥구리 굴리기 체험'—과연 소똥구리를 어떻게 굴리겠다는 건지는 모르겠지만—을 하며 골프장 건설을 저지하기 위해 내셔널트러스트 운동까지 전개하고 있다 하니 반가운 일이긴 하다. 하지만 종이 없어진 다음에 애쓴들 무슨 소용이랴.

나는 개인적으로 곤충의 번데기라는 존재에 큰 경외

감을 갖고 있는데 그 이유는 번데기가 갖는 생물학적 중요성 때문이라기보다는 '정(靜)이 동(動)'하고, '동(動)이 정(靜)'한 번데기의 철학적 의미 때문이다. 즉, 애벌레 시기의 분주한 움직임은 이제 더 이상 없다. 그렇다고 그냥 잠만 자는 소위 "동작 그만"의 상태도 아니다. 비록 번데기는 겉으로는 아무 움직임도 없지만, 그 속에서는 엄청난 소용돌이가 일어나고 있는 것이다.

번데기 속에서 일어나는 일이야말로 변화무쌍 그 자체이다. 그도 그럴 것이 나뭇잎을 갉아 먹던 애벌레 시절의 씹는 입은 꿀을 빠는 빨대로 바꿔야 하고 나뭇잎이나 가지에서 떨어지지 않도록 중요한 역할을 했던 빨판도 더 이상 필요 없게 되었다. 이제부터 필요한 것은 하늘을 날기 위한 날개를 다는 과정이다. 험난한 지형을 자유자재로 누비던 탱크(애벌레는 영어로 캐터필러(Caterpillar)라고 하는데 이는 무한궤도를 뜻한다)가 하늘을 날기 위해 비행기로 변신하는 것이다.

애벌레 때 사용하던 모든 조직은 액체 상태로 녹아 새로운 구조로 "헤쳐모여"를 해야 하기 때문에 작은 번데기 속은 그야말로 혼돈(Chaos)의 상태가 된다. 대우주가 혼

번데기 과정의 또 다른 매력은 모든 벌레들이 이 과정을 통해 꿈을 꾼다. 징그럽고 혐오스럽게 생긴 애벌레도 이 과정을 총해 아름다운 나비로 다시 태어날 수 있다.

장수하늘소, 날개를 펴다

돈의 시대를 거쳐 지금의 질서 정연한 우주가 탄생한 것처럼, 번데기라는 소우주 속에서도 엄청난 변화와 재창조의 소용돌이가 일어나게 된다. 이것이 바로 움직이고 있지만 움직이지 않고, 정지하고 있지만 정지하지 않는 상태, 즉 동중정(動中靜), 정중동(靜中動)의 상태인 것이다. 그리고 이 모든 것들은 호르몬에 의해 관장된다.

번데기 과정의 또 다른 매력은 모든 벌레들이 이 과정을 통해 꿈을 꾼다는 것이다. 징그럽고 혐오스럽게 생긴 애벌레도 이 과정을 통해 아름다운 나비로 다시 태어날 수 있다. 때문에 모든 나비 번데기들은 이때 저마다의 꿈을 꾼다. 자기가 이 세상에서 제일 아름다운 나비가 될 거라는 화려한 꿈을…. 이제부터 자유롭게 이 꽃 저 꽃 사이를 날아다니기 위해서는 날개를 새로 가져야 한다. 그것도 남들이 갖고 있지 않는 가장 아름다운 날개로 말이다.

2.
번데기가
되다

    곤충이 번데기가 되려면 우선 유충 상태에서 변형이 일어나기 마련인데 이 단계를 전용(前蛹)단계라 한다. 흔히 볼수 있는 나비류 유충이 번데기가 되는 모습은 이미 수도 없이 봐왔기 때문에 두 눈을 다 안 뜨고도 알 수 있다. 하지만 장수하늘소의 용화과정은 아직 그때까지만 해도 아무도 본 적이 없는 광경이었기 때문에 한 순간 한 순간이 나에게는 극도로 긴장되고 흥분된 과정이 아닐 수 없었다.

    2008년도에 처음으로 증식된 48마리의 장수하늘소 유충들은 이유도 모르게 하나씩 죽어가면서 점점 그 숫자가 줄어들었는데 3년째 접어들 때는 겨우 3마리밖에 남지 않게 되었다. 하지만 마지막 남은 3마리는 크기도 제법 커서 80mm에 근접했다. 3년 8개월이 되자 그래도 그 중에서 가장 큰 한 마리에서 이상한 징후가 나타나기 시작했다. 평소 톱밥 속에서 먹이활동을 잘 하던 녀석이 자꾸 톱밥 위로 올라와 몸을 비비 꼬며 자꾸 뒤집어지는 것이었다. 곤충이든 물고기든 배를 내놓고 뒤집어진다는 것은 곧 죽음을 의미하는 것임을 잘 알기 때문에 왠지 불길한 예감이 들었다.

그런데 자세히 들여다보니 단순히 몸만 뒤집는 것이 아니라 형태가 약간씩 뭉그러지는 것 같은 현상도 같이 나타나기 시작한 것이다. 즉 전용의 조짐이 보였던 것이다. 전용이란 번데기가 되기 직전에 나타나는 과도기적 현상인데 나중에 알게 된 것이지만 장수하늘소의 경우 이때 나타나는 가장 두드러진 특징은 그동안 기어 다니던 애벌레들이 하늘을 쳐다보며 드러눕는 것이다. 번데기 과정에서 형성되는 3쌍의 다리와 2쌍의 더듬이가 모두 배 쪽으로 몰리기 때문에 어느 것 하나라도 눌리거나 다쳐서는 안 된다.

처음에는 애벌레가 왜 자꾸 뒤집어지는지 몰랐다. 죽으려고 그러나? 하고 걱정되기도 하고… 그렇다고 설마 벌써 번데기가 되진 않을 텐데 하는 의구심이 들었다. 무엇보다도 톱밥 속에 있지 않고 자꾸 표면 위로 올라오는 것이 심상치 않았다.

유충에 변화가 생기고서부터는 아침에 출근하면 박물관도 들르지 않고 곧장 연구소 인큐베이터실로 향했다. 어제보다 얼마나 달라졌는지, 또 잘 살아 있는지 체크도 할 겸 사진으로 기록을 남기기 위해서였다. 며칠 전 첫 아이를 얻은 아빠가 회사에서 회식의 유혹도 뿌리치고 곧장 집으로 달려와 포대기에 싸인 갓난아이를 들여다보는 심정이 이럴 것이다. 장수하늘소는 번데기로 탈피하는 과정이 전혀 알려지지 않은 상태이기 때문에 이때부터는 퇴근시간도 없이 계속 벌레 옆에 붙어 있었다. 언제 탈피를 하게 될지 전혀 감도 잡을 수 없었기 때문이다.

유충에게는 안 좋은 줄 알지만 기록을 남기기 위해서 촬영 장치를 세팅해 놓고 순간순간의 변화를 카메라로 촬영하며 자세히 기록해 나갔다. 그렇기를 한 달이나 지난 2013년 4월 12일, 드디어 유충의 표피가 꼬들꼬들 하게 박리되는 현상이 나타나기 시작했다. 탈피를 할 모양이다. 이때부터는 화장실도 못 가고 밥 먹으로도 못 가게 되었다. 하지만 야속하게도 변화가 있을 듯 말 듯하면서 또 수일이 흘렀다. 점심은 중요한 순간을 놓칠세라 김밥을 사다 번데기를 쳐다보면서 옆에서 먹었다. 한순간도 눈을 뗄 수 없었기 때문이었다.

그러던 어느 날 새벽 2시경, 드디어 역사적인 용화가 진행되기 시작했다. 꽁지(배끝) 쪽에서부터 껍질이 분리되기 시작했다. 그리고는 기문을 따라 흰색띠가 형성되기 시작했다. 그러다 머리 부분이 쪼개지면서 외피가 아래쪽으로 미끄러져 내려갔다. 이 장면을 보면서 내 머리 속에서는 수십만 톤짜리 유조선이 진수식을 마치고 바다로 미끄러져 내려가는 모습과 오버랩되었다. 곤충의 번데기 되는 과정은 언제 봐도 신기하다. 나비류도 그렇지만 하늘소는 더더욱 그러했다. 탈피는 그동안의 과정에 비하면 너무나도 순식간에 일어났다. 머리 쪽부터 껍질이 벗겨지면서 내려오는데 옷을 벗자 턱과 더듬이 그리고 특유의 눈(복안), 3쌍의 다리가 가지런히 모아진 상태로 적나라하게 드러나기 시작했다.

이럴 수가!! 장수하늘소의 신비로움이 모두가 잠든 이 새벽에 내 눈앞에서 펼쳐지고 있었다. 그것도 아무도 보지 못했던 광경을 나 혼자 보고 있다는 희열은 그동안 겪었던 맘고생과 말로 표현할 수 없는 막연함이 저 껍질과 함께 스르르 벗겨지는 것 같았다.

평소에 내가 제일 부러운 사람이 파이오니어호가 보내오는 미지의 우주사진을 검색하는 나사의 여직원이다. 사

진 한 장 한 장이 모두 생전 처음 보는 광경이라서 그녀는
지구상에서 제일 먼저 그런 경이로운 장면을 보는 행운을
누리고 있는 것이다. 내가 지금 바로 그런 심경이다.

번데기는 수컷이었다. 장수풍뎅이의 경우 3령 유충이
되면 나중에 수컷이 될지 암컷이 될지 감별할 수 있는 V
자 키가 애벌레 배마디에 나타나기 때문에 초등학생들도
쉽게 암수 구별이 가능하지만 장수하늘소의 경우는 허물
을 다 벗을 때까지 성별을 짐작하기조차 어려웠다. 다만
번데기가 된 다음이라야 더듬이를 보고 암수를 알 수 있
게 된다. 수컷의 더듬이가 암컷보다 길기 때문에 금방 구
분이 되고 또 배 끝을 보면 더욱 확실한 형태적 차이를 구
별할 수 있게 된다.

이렇게 해서 3년 9개월을 기른 유충은 이제 장돌이란
이름을 달고 늠름한 수컷 장수하늘소가 되기 위해 깊은
잠속으로 푹 빠져들고 있었다. 아! 이 모습을 보기 위해
무려 4년 가까운 시간이 필요했단 말인가? 아니, 물론 그
렇다고 내가 지금 컴플레인을 하고 있는 것은 아니다. 오
히려 5년이 걸릴지 7년이 걸릴지도 모르던 장수하늘소의
유충기간이 생각지도 않게 3년 9개월 만에 종지부를 찍
었다는 것은 나에게는 축복이자 대박이 아닐 수 없었다.

번데기가 되어서야 암수가 구별되었다.
왼쪽이 암컷, 오른쪽이 수컷(더듬이가 긴 것이 수컷이다)

암컷의 배끝(좌), 수컷의 배끝(우)

용화 시작

용화가 진행되기 직전, 노숙유충은 정자세로 드러눕는다. 표피는 이미 내피와 이격되어 주글주글하게 되고 배 끝의 항문돌기에서 제일 먼저 박리현상이 나타나기 시작한다.

2시간 경과 후

앞가슴등판(pronotum) 정 중앙 부분이 갈라지면서 본격적인 용화가 시작된다.

3시간 경과 후

배 끝 부분에서 기문(spiracle) 라인을 따라 흰색 밴드가 형성되기 시작한다. → 이 밴드가 탈피 껍질을 끌어내리는 역할을 하게 되는데 이때부터는 모든 과정이 빠르게 진행된다.

3시간 2분 경과 후

흰색 밴드가 배끝에서 가슴 부분까지 이어진다. 이 밴드가 배 끝에서 배 마디 전체까지 확산되는 데는 약 3분 정도 걸렸다.

3시간 14분 경과 후

큰턱(mandible)을 포함한 두부는 탈피각이 그대로 남아 있는 상태에서 앞가슴 등판 부분이 벗겨진다.

3시간 15분 경과 후

배 끝으로 이미 1/3가량이 벗겨져 나갔다.

3시간 19분 경과 후

더듬이 부분이 드러나 보이기 시작한다.

3시간 19분 경과 후

탈피각 속으로 번데기의 형태가 분명하게 드러나 보인다.

3시간 25분 경과 후
더듬이와 다리 부분을 빼기 위해 순간적으로 상체를 위로 굽힌다. 마치 윗몸일으키기를 하는 것 같았다.

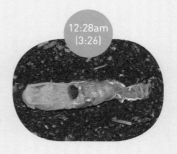

3시간 26분 경과 후
상체를 위로 젖히면서 머리와 더듬이 다리 부분이 다 벗겨진다. 머리와 턱을 감싸던 탈피각이 함께 빠져나간다.

3시간 32분 경과 후
상체는 정자세로 다시 반드시 눕게 되며 배 쪽에서만 탈피가 진행된다.

3시간 39분 경과 후
배를 뒤틀어 탈피각을 모두 털어낸다. 용화를 위해 탈피가 진행된 시간은 총 3시간 40분 정도가 소요되었다.

3.
죽은 자식
고추만지기

　장남 장돌이가 번데기가 된 지 5일 만에 나머지 두 마리도 서서히 용화를 준비하기 위한 전용단계로 접어들었다. 지금에 와서 보면 당연한 일이지만 그때로선 나에게 그보다 더 신비롭고 긴장되는 일은 없었다. 만일 여러 마리 유충 중에서 장돌이 한 마리만 번데기가 되었다면 그것이 정상적인 건지 비정상적인 건지 전혀 판단할 도리가 없었을 것이다. 그러나 다행히도 나머지 두 마리 역시 거의 같은 시기에 번데기 과정에 돌입했다는 사실만으로도 장수하늘소가 인공조건(온도 20C, 습도 65%)에서 3년 8~9개월의 유충기를 갖는다고 결론짓는 데 무리가 없었다.

가장 먼저 번데기가 된 장남 장돌이는 크기가 82mm로서 꽤 큰 사이즈였는데, 건드릴 때마다 이리 저리 몸을 뒤척이며 제법 자기 과시를 했고, 나머지 두 마리도 장돌이가 거쳤던 똑같은 과정을 그대로 밟아 가는 중이었다. 그러던 어느날 장돌이가 번데기가 된 지 6일째 되는 날이었다. 장돌이의 머리와 가슴이 만나는 목 부분에 흰색의 곰팡이 같은 게 피어 있는 것이 눈에 띄었다.

처음에는 대수롭지 않게 생각했으나 점차 그 부위가 커지는 것을 보니 문득 불길한 예감이 들었다. 게다가 장돌이는 외부 자극에 대한 반응도 처음보다 약간 둔해진 것 같은 느낌이 들었다. 사실 그 부분은 탈피 직후부터 불그스레한 체액이 묻어 있던 곳이다. 곤충의 혈액 속에는 헤모글로빈이 없으니 당연히 피는 아닐 테고 유충시절의 외피가 쉽게 떨어져나가도록 도와주는 윤활제 성격의 체액일 텐데, 아무래도 이로 인해 공기 중에서 백강균에 감염이 된 듯하다. 예감이 별로 좋지 않았다.

혹시 부정이라도 탄 것은 아닐까? 옛날엔 아기가 태어날 때 몸에 피를 묻히거나 태를 목에 걸고 나오면 소위 살생부정이 들었다 하여 집에서 쓰는 식칼을 푸줏간에 갖다 주거나, 아니면 가축의 도살 장면을 몇 차례 보여줌으로써 아이의 살을 풀었다는데… 피(?) 묻은 장수하늘소 번데기도 뭔가 조치를 취했어야만 했던 것은 아니었을까 하는 후회가 밀물처럼 밀려왔다. 사실 몇 번 그곳을 닦아줄까 하다가 혹시 잘못 건드리기라도 하면 나중에 성충이 기형으로 태어날까봐 오히려 조심했던 것이 실책이었다.

백강균은 일명, 흰굳음병균인 사상균의 일종으로 곤충의 성충은 물론 유충이나 번데기의 피부를 통해 몸 속으로 들어가게 되면 몸이 굳어 죽게 되는 병으로서 녹강균(일명 푸름굳음병균)과 함께 치명

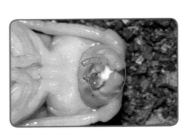

백강균에 감염된 번데기

적인 곤충기생성 병원균이다. 문제는 여기에 그치지 않는다. 만일 한 마리가 백강균에 감염됐다면, 나머지 두 마리도 이미 감염됐을 수 있고 또 그렇게 될지도 모르는 상황이기 때문이다.

장돌이 번데기는 이미 굳어 있었고 3년 9개월 동안 그토록 정성을 쏟아 혼신을 다해 기른 애벌레가 이제 번데기가 되어 조금만 더 버티면 장수하늘소가 탄생할 텐데 성충 되기 불과 몇 일을 남겨두고 죽어가고 있다. 그것은 나에게는 단순히 벌레 한 마리의 죽음이 아니었다. 나의

희망이요 나의 꿈이자 나의 지난 6년이란 시간이 송두리째 공중분해되는 순간이었다. 짜릿한 환희와 주체할 수 없던 기대감은 이미 천길 나락으로 곤두박질치고 있었다. 머리끝은 수만 개의 바늘로 쪼아대듯 쭈뼛거렸고 나의 영혼은 다시는 꺼낼 수 없는 블랙홀로 빨려 들어가는 것만 같았다. 이미 가망 없는 사체를 쳐다보며 죽은 자식 불알 만지는 부모의 심정이란 게 바로 이런 것이었구나! 하는 걸 실감했다. 벌레 한 마리의 죽음이 한동안 잊혔던 과거로 나를 돌이켰다.

중학교 2학년 때 친한 친구가 죽은 적이 있었다. 자전거를 타고 학교에 등교하다 좁은 굴다리 안에서 버스에 부딪쳐 죽은 것이다. 친구 아버지는 통곡하며 도무지 믿기지 않는다는 듯이 시체실에 싸늘히 드러누운 외동아들의 몸을 거칠게 주물럭거렸다. 사춘기에 갓 접어든 친구는 원래 얼굴에 여드름 꽃이 가득했었는데, 막상 죽고 나니 하루 새 그 많던 여드름은 어디론가 다 사라지고 믿기 어려울 만큼 얼굴이 창백하고 깨끗해졌다. 나 역시 여드름 때문에 고민이 많았었는데 그때 그 친구 얼굴을 보고 그래도 이게 살아 있다는 증거구나, 죽으면 여드름도 없는 거구나 하는 심오한 진리를 깨달은 바 있다. 친구 아버지는 "아이고 이놈아!~" 소리를 연거푸 내뱉으며 죽은 자식의 불알을 만지고 또 얼굴을 쓰다듬고를 계속 해댔다.

내가 지금 바로 그 친구 아버지처럼 죽은 자식의 고추를 만지는 심정이다. 하늘이 무너지는 것 같고, 가슴이 찢어지는 것 같았다. 표현할 수 없는 허무함이 엄습해 왔다. 뭐랄까? 바닷가 백사장에서 모래성을 지어가며 콧노래를 부르던 소년이 느닷없이 눈앞에 서 있는 집채만한 쓰나미와 마주치는 장면 같았다. 단지 벌레 한 마리가 죽었을 뿐인데 이토록 거대한 쓰나미 같은 절망감으로 다가오는 것은, 그것이 길을 지나가다 나무에서 뚝 떨어진 벌레를 무심결에 밟아 죽인 사고가 아니기 때문이었다. 지금의 이 상황은 나에게는 공든탑이 무너지고 있는 현장이자 10년 공부 도로아미타불이 되는 순간이기 때문이었다. 고혈을 바쳐 1,000일 이상을 밤낮으로 금이야 옥이야 공들여 기르던, 그것도 수컷 장수하늘소를 알코올 병에 담그는 심경은 4살배기 외아들을 땅에 묻는 거나 다를 바 없었다.

그러면서 대학 2학년 때의 일이 떠올랐다. 수원에 있는 기타학원에 다니면서 한창 클래식 기타에 푹 빠졌을 때였다. 고향이 같은 충청도라고 원장 선생님과는 각별히 친하게 지냈는데, 그분에게는 미란이라는 인형보다 예쁜 딸이 하나 있었지만 아들이 없어 항상 고민하던 차였다. 그러던 중 어쩌다 50이 다되어 늦둥이 사내아이를 보게 되었다. 원장님은 기타 가르치는 시간보다 아들 자랑하는 시간이 더 많을 정도로 늘 기뻐했고 자랑스러워했다. 그도 그럴 것이 녀석 눈도 동그랗게 크고 잘생겼으며 내가 봐도 영특하기가 또래 아이들은 감히 따라갈 수 없을 정도였다.

그 아들이 4살 때로 기억한다. 선생님 고향이 충남 온양이었는데 엄마 따라 큰집에 놀러갔다 아이가 그만 저수지에 빠져 죽은 것이다. 당시 상황이 자세히 기억은 안 나지만 아마 5~7살 난 개구쟁이 사촌형들 쫓아 뛰어다니다가 변을 당한 것으로 알고 있다. 그 일이 있은 이후로 선생님은 학원 문을 거의 닫다시피 하셨고 가뜩이나 담배를 많이 피시던 분이 술과 담배와 눈물로 세월을 보내셨다. 이제 와 생각하니 그때 좀 더 가까이서 위로를 해드렸더라면 하는 아쉬움이 남는다.

난 그 뒤로 수원을 떠나 서울로 이사를 했고 대학원 공부와 취직 후 외국 출장 등으로 한동안 연락을 못 드렸었다. 10년이란 세월이 지나서야 문득 선생님 생각이 나서 수소문하여 찾게 되었는데 어렵게 연결된 지인으로부터 그 선생님이 아들을 잃고 나서 몇 년 후 돌아가셨다는 소식을 듣고 큰 충격을 받았다. 그때 선생님 나이가 겨우 50세였다.

난 아직도 완전히 죽지 않고 약간씩 미동하는 장수하늘소 번데기를 알코올 병에 집어넣으면서 물에 빠져 죽은 4살배기 사내아이를 화장터 화로 속에 밀어 넣는 늙은 아비를 떠올렸다. 손끝을 타고 전해오는 다 죽어가는 번데기의 처절한 꿈틀거림은 대재앙이 남기고 간 여진처럼 한동안 나를 괴롭혔다.

하지만 불행 중 다행이었던 것은, 당시 나에겐 좌절할 시간이 많이 주어지지 않았다는 점이다. 장돌이의 죽음에 대한 충격으로부터 채 벗어나지 못하고 있는 동안 어느새 나머지 동생들 두 마리도 번데기가 되기 시작했다. 다만 크기는 장남만 못하였지만 그래도 새로운 희망의 불씨가 다시 되살아나기 시작했다. 이제 남은 이 두 마리가 무사히 성충으로 우화하는 일만이 최대의 관건이다. 사실 동생들까지 백강균에 감염될까봐 장남의 임종을 끝까지 지켜보지 못하고 서둘러 알코올 병에 집어넣어 버렸던 것이다.

4.
벼랑에서
날개를 달다

2012년 4월 5일, 드디어 두 마리 애벌레 중 하나가 먼저 용화를 시작했다. 용화과정은 보름 전 장돌이와 다를 바 없이 성공적으로 이루어졌다. 그런데 이번에는 수컷이 아니라 암컷이 탄생했다. 장수하늘소 성충의 암수 차이는 확연히 외관상으로 서로 다르기 때문에 금방 알 수 있지만 번데기는 약간 다르다. 즉 암컷은 우선 안테나가 수컷의 안테나보다 약간 짧으며, 배 끝에는 장차 산란관이 형성될 돌기가 두 개 돋아나 있는 것이 특징이다(133쪽 사진 참조). 물론 흔히 말하는 집게(mandible: 큰 턱) 부분도 수컷에 비해 작지만 이것은 수컷도 종종 작게 나오는 경우가 많기 때문에 확정적인 특징은 되지 못한다. 다행히도 이번에는 지난번처럼 번데기에 이상한 액체가 묻어 있진 않고 깨끗했다. 그래도 혹시 몰라서 나는 번데기 옆에 곰팡이균 침입을 막기 위해 약품으로 방어벽을 쳐두었다. 이제 남은 과제는 나머지 한 마리도 성공적으로 번데기를 만드는 일이다. 그리고 그것이 수컷이 되기만을 간절히 바랄뿐이다. 교회도 안 다니면서 하나님에게도 빌고, 부처님에게도 빌고, 조상님에게도 빌었다.

탈피 직후의 장수하늘소 번데기 모습
(우윳빛을 띤다.)

삼라만상의 이분법은 참으로 신기하고도 신비스런 것이다. 모든 것이 플러스와 마이너스, 아니면 수컷, 암컷으로 되어 있다. 물론 이것이 고대 중국의 음양사상의 핵심이기도 하지만, 지금 나에게도 이 이분법적 동전던지

기는 장수하늘소 성별이 정해지는 현실로 다가왔다. 즉,

　① 암컷만 두 마리가 될 경우,

　② 암수 한 쌍이 될 경우,

　③ 수컷만 두 마리가 될 경우 이다.

　이 3가지 경우의 수 중에서 이미 암컷이 하나 나왔기 때문에 ③번은 번외가 되었고 남은 것은 ①번 아니면 ② 번밖에 없는데, 문제는 ②번이 될 확률이 매우 적다는 것이다. 왜냐하면 자연 상태에서 장수하늘소는 수컷이 더 귀하고 그동안의 러시아에서 100년 동안 채집된 표본 조사 결과를 보더라도 암수의 비가 8:2 정도로 암컷이 더 흔하게 나타나기 때문이다(광릉의 경우는 수컷이 더 많이 나오는 것 같다).

　아무튼 나로선 암컷 2마리가 나오거나 수컷 2마리가 나오는 것은 큰 의미가 없다. 왜냐하면 반드시 짝짓기를 시키지 못하면 여기서 대를 잇지 못하기 때문에 지금까지의 과정이 모두 수포로 돌아가는 절박한 심경이 아닐 수 없다. 그래서 더욱 장남의 횡사가 안타까운 것이다. 이제 한 가닥 희망은 막내가 부디 수컷으로 태어나주길 기도할 뿐이다.

❶ 먹줄왕잠자리
❷ 털매미
❸ 큰광대노린재
❹ 두점박이사슴벌레

탈피 직후의 몸색깔

2012년 4월 15일, 드디어 세 마리 유충 중에서 마지막
으로 남은 막내도 탈피를 시작했다. 이번엔 반드시 수컷

이 나와야 한다. 먼저 머리 부분이 갈라지기 시작했다. 제발, 제발! 나는 손에 땀을 쥐고 탈피각(허물)이 1mm 내려갈 때마다 눈을 크게 뜨고 중얼거리며 손가락 크기만한 미완의 생명체를 뚫어지게 읽어나갔다. 그것은 마치 첫날밤 신부의 속옷자락을 벗겨낼 때마냥 경건하고도 숭고한 떨림이었다. 머리가 벗겨져 드러난 신생 번데기의 속살은 그야말로 우윳빛보다도 희고 투명한 백옥 색깔이었다. 탈피 직후의 곤충 색깔은 다양하다. 물론 시간이 지나면서 점점 짙은 색으로 바뀌기는 하지만 노린재들은 탈피 직후 빨간색을 띠고, 매미류는 녹색을 띤다. 사슴벌레나 장수풍뎅이는 밝은 미색을 띤다.

　서서히 입이 있는 큰 턱 부분이 드러났지만 아직은 아들인지 딸인지 잘 모르겠다. 모든 수컷이 다 턱이 발달하는 것은 아니기 때문에 머리 부분만 보고 단정 지을 수도 없는 노릇이다. 지금이야 초음파 사진이 일반화되어 뱃속의 아이가 아들인지 딸인지 이미 알고 아기를 받기 때문에 초조함이나 긴장감이 덜하겠지만, 그런 걸 모르던 조선시대, 손이 귀한 8대독자 집안에서 산모의 자궁을 열고 머리부터 내밀고 나오는 핏덩이를 받는 산파의 심정이 아마 이랬을 것이다. 머리는 나왔지만 아직 고추는 보이지 않는다. 과연 아들일까 딸일까?

허물은 목을 지나 차츰 가슴으로 내려가고 있었다. 이제 조금만 더 내려가면 더듬이가 모이는 곳의 형태를 보면 암수가 판가름 날 것이다. 번데기는 몸을 파도처럼 뒤척이며 스스로 허물을 벗겨나갔다. 신비롭기 짝이 없다. 마치 공상과학 영화의 한 장면을 보는 것 같다. 사실 많은 사이언스 픽션들의 아이디어가 곤충의 변태 과정에서 힌트를 얻었다는 걸 누구보다도 잘 아는 나지만 눈앞의 '실(實)'을 보고 '허(虛)'를 떠올리는 내 자신이 새삼 우스워졌다. 1분 정도가 지나자 허물은 6개의 다리를 다 들춰내며 꽁지(배끝) 쪽으로 빠져나가고 있었다. 6개의 다리가 모두 가지런히 정렬되어 있는 모습은 가히 환상적이었다. 어떻게 이런 일이 가능한 것인가? 호르몬의 힘이란 참으로 대단한 것이다. 이 모든 과정들을 설계하고 통제하며 한 치의 오차도 없이 진행시키는 것을 보면 생명의 신비로움에 절로 감탄사가 나올 뿐이다.

곤충의 특징이자 신비 그 자체인 변태 과정은 변태 호르몬과 유충 호르몬이라는 두 가지 호르몬의 상호작용에 의해 이루어진다. 이중 변태 호르몬(MH: Metamorphic Hormone)은 곤충 뇌의 신경분비세포에서 나오는데 신경분비세포에서 분비된 변태 호르몬은 일단 측심체라는 곳에 저장되었다가 필요할 때 분비된다. 그것을 조절하는 것이 바로 뇌 호르몬(BH: Brain Hormone)인데, 이 호르몬이 전흉선(前胸腺)을 자극하면서 엑디슨(Ecdyson) 분비가 촉진되어 탈피가 진행되는 것이다. 반면, 유충 호르몬(JH: juvenile hormone)은 일종의 억제 호르몬으로서 변태를 억제하고 단지 부피성장만을 주관한다. 유충기 동안은 알라타체(體)에서 유충 호르몬을 충분히 분비하기 때문에 부피성장만 하지만, 일단 종령 유충이 되면 유충 호르몬이 소진되어 분비가 정지되고 그동안 억제당했던 성충의 형질이 나타나기 시작한다.

종령유충이란 유충이 부피성장을 하는 마지막 단계인데 곤충마다 령 수가 다르다. 보통 나비목의 유충은 4번 탈피를 하여 5령이 종령이 되는 것이 일정하다. 그래서 누에는 다섯 잠(용화 포함)을 자야 한다는 말이 생겨난 것이다. 하지만 하늘소의 경우는 다르다. 학계에 발표된 논문에 의하면 울도하늘소 *Psacothea hilaris*의 경우 4령에서 7령까지 일정치 않은 유충기를 보이는가 하면 뽕나무하늘소 *Apriona germari*의 경우도 무려 6령에서 16령까지 편차가 심한 유충기를 갖는 것이 확인되었다.

이러한 하늘소류의 일정치 않은 유충기 현상은 나비목

곤충들에 비해서 훨씬 진화가 덜 되었다고 볼 수 있기도 하지만, 어떤 관점에서는 이것이 하늘소류의 생존전략일 수도 있다. 즉, 숲에서 사는 동물들의 가장 취약점은 산불이다. 만일 동시에 다 성충으로 나왔다가 산불이라도 겪게 되면 대가 끊어질 수 있다. 하지만 아직 나오지 않은 나무 속에 있는 형제들은 뿌리 쪽으로 내려가서 산불로부터 화를 면할 수 있기 때문이다.

아무튼 유충 호르몬이 소진되었다는 말은 유충 호르몬의 농도가 낮아진 것을 의미하는데, 유충 호르몬의 농도가 낮아지면 자연스럽게 전흉선에서는 변태 호르몬이 작동하게 되어 이때부터는 흉선촉진 호르몬(Prothoracicotropic Hormone)에 의해 번데기가 되고 이어서 성충으로 우화(羽化)가 진행되는 것이다.

드디어 더듬이가 다 드러났다.
양쪽 두부에서 시작된 더듬이는
몸통 중간지점으로 내려와 마치

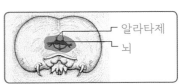

배꼽인사를 하듯이 가지런히 모아져 있다. 이때 수컷은 암컷보다는 더듬이가 약간 길기 때문에 서로 겹치게 되지만 암컷은 더듬이가 약간 짧아서 끝이 서로 닿지 않는 것이 특징이다(131쪽 그림 참조). 마치 단전호흡이라도 하듯 양

더듬이를 모아 배 아래쪽에 가지런히 겹쳐놓은 모습은 가히 경건하기까지 하다. 아무튼 결론부터 말하자면 세 번째 녀석은 수컷이었던 것이다. 빙고!! 맘마미아! 할렐루야, 아미타푸, 인치할라! 내 입에서는 지구상의 모든 감탄사들이 나도 모르게 방언처럼 쏟아져 나왔다.

아, 헤어날 수 없는 실망 뒤에 찾아온 이 버거운 희열은 또 무엇인가? 그리고 살아남은 두 마리 번데기가 암수 한 쌍으로 될 확률은 과연 얼마나 되는 것일까? 모르긴 해도 맑은 날 번개 맞을 확률×살아날 확률보다 낮을 것이다. 물론 크기는 첫 번째 죽은 녀석보다 작았지만 그래도 살아서 번데기 과정까지 도달했다는 사실이 경이롭고 대견스러울 따름이다. 이제부터는 병균에 감염되지 않도록 관리하는 것만이 관건이다. 누가 추락하는 것에는 날개가 없다 하였는가? 천길 나락으로 떨어지는 와중에 겨드랑이에서 날개가 돋는 심경이었다. 나는 기쁨을 주체하지 못하고 단숨에 폐교 운동장으로 달려나가 두팔을 벌려 요즘 손흥민처럼 비행기 세리머니를 했다. (나이에 어울리지 않게…) 마치 이카루스가 하늘을 날 듯… 그러고 보니 문득 먼저 죽었던 장돌이의 죽음은 헤라의 질투 때문이었을까? 하는 망상을 하며 혼자 웃었다.

장수하늘소, 날개를 펴다

9:12pm
(0:00)

•우화 직전 번데기의 배면은 가슴 부분과 배 끝 부분의 색이 점점 검게 변한다.

9:26pm
(0:14)

14분 경과 후

•우화의 조짐은 뒷다리 발톱마디의 발톱 색깔이 검게 변하면서 시작된다. 특히 눈과 턱, 다리마디 부분이 검게 변한다.

•부분적으로 색깔이 검어지면서 왁스 현상과 박리 현상이 동시에 보이기 시작한다. 배마디 양쪽으로 검은 반점이 출현한다.

•탈피는 배 끝 부분에서부터 진행되고 있다.

9:37pm
(0:25)

25분 경과 후

•더듬이가 점차 위로 올라가며, 가지런히 붙어 있던 다리가 들뜨기 시작한다.

9:57pm
(0:45)

45분 경과 후

•왁스 현상과 박리 현상이 더 두드러지게 나타나며 더듬이 부분의 외피는 상당히 건조되어 꼬들꼬들한 상태가 된다.

10:12pm
(1:00)

1시간 경과 후
• 날개가 뒤쪽으로 밀리며 더듬이
와 다리 3쌍을 모두 들어 올린다.

10:14pm
(1:02)

1시간 2분 경과 후
• 머리와 배를 들어 올렸다 내렸다
하며 탈피를 위한 준비운동을 한다.

10:46pm
(1:32)

1시간 32분 경과 후
• 흉부 쪽이 찢기면서 날개 부분
의 외피가 빠져 내린다.
• 이때 더듬이 부분의 외피는 남
게 된다.

11:12pm
(1:58)

1시간 58분 경과 후
• 몸을 뒤척이며 껍질을 배 끝 쪽으
로 밀어낸다.
• 다리 일부와 더듬이 부분의 탈피
각은 부분적으로 남아 있게 된다.

장수하늘소, 날개를 펴다

2시간 03분 경과 후

- 몸을 여러 번 뒤집으면서 남아 있는 탈피각을 밀어낸다.
- 탈피 직후 날개는 유백색이다.

2시간 22분 경과 후

- 더듬이를 제외한 대부분의 탈피각은 제거되었다.

2시간 41분 경과 후

- 뒷날개(hind wing)는 펴진 상태이다.
- 딱지날개의 색이 서서히 갈색화되기 시작한다.

2시간 50분 경과 후

- 몸을 여러 차례 뒤척이면서 다리의 자세를 잡는다.

12:12am
(3:00)

3시간 경과 후
• 뒷날개가 서서히 접혀 들어간다.
• 더듬이를 사용해 몸을 일으키며
껍질을 밀어낸다.

12:15am
(3:03)

3시간 03분 경과 후
• 몸을 움직이면서 다 벗겨지지 않
은 껍질들을 비벼 벗긴다.

12:22am
(3:10)

3시간 10분 경과 후
• 대부분의 탈피껍질은 다 떨어져
나간 상태가 된다.
• 다리 색이 점점 검은색으로 변하
기 시작한다.

12:32am
(3:20)

3시간 20분 경과 후
• 속날개는 아직 접히지 않은 상태
이다.

장수하늘소, 날개를 펴다

01:19am
(4:07)

4시간 07분 경과 후

• 딱지날개의 색이 서서히 짙어지고 있다.
• 산란관이 밖으로 돌출된 상태가 된다.

07:55am
(10:43)

10시간 43분 경과 후

• 다리 색이 상당히 짙어졌다.
• 배 마디도 유백색에서 갈색으로 바뀌었다.

08:03am
(10:51)

10시간 51분 경과 후

• 속날개가 완전히 접혀들어 갔다.

4:15pm
(19:03)

19시간 03분 경과 후

• 산란관이 배 끝 안으로 들어간다. 갈수록 윗날개 색이 점차 짙어진다.
• 날개 색이 완전히 짙어지기까지는 약 24시간 이상이 걸렸다.

우화 후 몸을 말리는 수컷

장수하늘소의 우화 탈피각

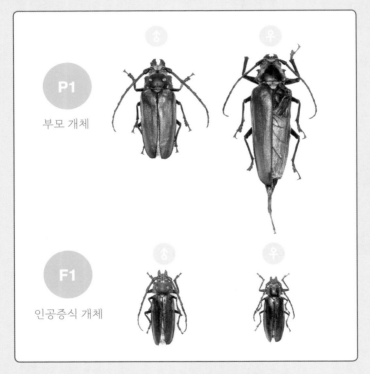

세계 최초로 인공증식에 의해 탄생한 F1세대 한 쌍

세계 최초로 인공증식을 통해 우화한 장수하늘소(위: 수, 아래:암)

짝짓기하는 장돌이와 장순이

한 쌍의 부모 장수하늘소(P)로부터 인공증식에 의해 태어난 2세(F1) 한 쌍. 장수하늘소라는 이름이 무색할 정도로 작은 크기로 태어났다.

2012년 5월 1일에 암컷이, 5월 6일에는 수컷이 나옴으로써 드디어 인공증식으로 장수하늘소 한 쌍이 탄생한 역사적인 순간을 맞이했다. 무려 3년 9개월 만의 대장정이었다. 암수 한 쌍의 장수하늘소가 내 눈앞에서 살아서 움직이고 있다는 사실이 믿기지 않았다. 마치 꿈을 꾸고 있는 것만 같았다. 나는 꿈에서도 비슷한 장면을 꾼 적이 있기 때문에 이번에도 꿈이 아닌가 하고 조수인 C군에게 여러 번 확인했다. C군도 내 일처럼 기뻐했다. C군은 내 연구소에 입사하자마자 몇 달 만에 그 누구도 보지 못한 역사적인 장면을 같이 나누는 행운을 누렸으니 참으로 복이 많은 친구라는 생각이 들었다. 아니면 실의와 슬럼프에 빠진 나를 구하기 위해 그분(?)이 보내신 전령인지도 모른다. 왜냐하면 그 친구가 오면서부터 애벌레가 갑자기 뒤집어지기 시작했기 때문이다. 원래 복이 있는 사람은 남의 집에 돈을 빌리러 가도 밥상 차리는 찰나에 도착해 최소한 돈은 못 빌리더라도 따뜻한 밥이라도 한 끼 얻어먹고 나오는가 하면, 그렇지 않은 사람은 밥 다 먹고 설거지할 때 도착해 돈도 못

빌리고 그릇 깨는 소리만 듣고 나오는 법이다. 그래서 나는 좋은 쪽으로 생각하기로 했다.

이제 정상적으로 짝짓기를 해서 산란만 한다면 장수하늘소 인공증식은 완벽한 성공을 거두게 되는 셈이다. 아직까지 그 누구도 하지 못한 일이다. 1년 전에 러시아 과학원에서 유충이 들어 있는 쓰러진 나무를 토막 내어 성충이 될 때까지 기른 적은 있으나 그것은 엄격히 말해서 인공증식이라기보다는 자연 상태의 성장 과정을 실내에서 관찰한 것에 불과하다. 인공증식의 의미는 무엇보다도 인공조건, 다시 말해서 인공으로 제조한 사료로 인공적인 환경, 즉 인위적인 온도, 습도, 조도 하에서 용기(container)에 담아 기르는 데 있다.

이런 관점에서 장수하늘소의 인공증식은 세계 최초이며 암수 한 쌍을 탄생시킨 것은 커다란 행운이 아닐 수 없다. 무엇보다도 러시아 과학원에서 3마리 유충을 길렀는데 나중에 모두 다 암컷이 된 사실을 주지한다면 세 마리 중 한 마리가 번데기 상태에서 죽고 남은 두 마리가 암수 한 쌍으로 태어난 사실만으로도 나는 복 받은 사람임에 틀림없다.

물론 지금 실험실 인큐베이터에서 태어난 장수하늘소

한 쌍은 누가 봐도 장수하늘소라 하기에는 믿을 수 없을 정도로 너무 작다. 수컷이 50mm, 암컷이 45mm이니 마치 장수하늘소의 미니어처 같은 느낌이다. 그래서 나는 농담으로 그들을 '장소하늘소'라고 불렀다. 그러나 지금은 크기를 논할 때가 아니다. 크기를 논하는 것은 사치에 불과한 일이다.

장수하늘소 유충은 기주목의 조건이나 영양 상태 등에 따라 마지막 성충의 크기가 결정되는데, 종령유충은 보통 80mm~120mm 정도까지 성장하다 번데기로 우화하게 된다. 번데기로 용화하는 과정에서 크기가 약간 줄고, 또 성충으로 우화하는 과정에서 또다시 축소되기 때문에 결국 성충은 보통 60mm~100mm 정도 크기로 우화한다. 그러나 가끔 60mm 이하의 소형도 심심치 않게 나타나고 있다. 현재까지 알려진 장수하늘소의 공식적인 최대 크기는 114mm로 기록되고 있는데, 이는 H씨가 최근에 국가에 기증한 것으로서 1970년대 광릉숲에서 잡았던 수컷이다. 성충이 110mm 급이 되기 위해서는 유충은 적어도 150mm 정도까지 커

장수하늘소는 천연기념물이기 때문에 개인끼리 마음대로 사고 팔 수도 없다. 다만 문화재청의 허가를 받지 않고 양도, 양수하거나 포획, 박제한 자는 '문화재보호법 제92조 3항'에 의거 2년 이상의 유기징역 또는 1억 5천만 원 이하의 벌금에 처한다고 명시되어 있기 때문에 역으로 말하면 최소한 1억 원의 몸값은 지니고 있다고 봐야 할 것 같다.

야 하기 때문에 100mm 이상 크기의 장수하늘소란 결코 흔치 않은 것이다.

이왕에 곤충의 크기에 대한 이야기가 나왔으니 입이 간지러워 이와 관련해 왕사슴벌레(*Dorucus hopei*) 얘기를 안 하고 넘어갈 수가 없다. 간혹 사슴벌레 한 마리에 1억이 호가한다는 풍문이 돈다는 것을 어른들은 잘 모르지만 아이들은 오히려 더 잘 알고 있을 것이다. 사실 이는 우리나라 이야기는 아니고 곤충사육 마니아층이 두꺼운 일본의 이야기인데, 10여 년 전 곤충 경매시장에서 80mm급 왕사슴벌레가 1천만 엔(약 1억 원)에 낙찰된 적이 있었다. 2014년에는 88.3mm짜리 초대형 왕사슴벌레가 등장하여 일본 기네스북에 오른 적도 있었다. 이는 1억 원에 팔린 선배 '왕사'(왕사슴을 아이들은 '왕사'라 부른다. 넓적사슴벌레는 '넙사', 톱사슴벌레는 '톱사'로 불린다)보다 거의 1cm나 더 큰 '괴물'로서 사실상 부르는 게 값이었다. 일찍이 애완곤충 시장이 활발히 성장한 일본에서는 이런 초대형 갑충은 애견의 경우처럼 혈통증명서까지 등장한 지 이미 오래다.

장수하늘소에 대해서도 일반인들의 제일 관심사는 그 가격일 것이다. 우리 곤충박물관에 오는 성인들 중 꽤 많은 사람은 전시실에 들어서자마자 "여기서 제일 비싼 벌레가 뭡니까?" 하고 묻는다. 살짝 어이가 없지만, 난 서슴지 않고 "장수하늘솝니다"라고 답한다. 그렇다면 장수하늘소의 가격은 과연 얼마나 할까? 인터넷에 들어가 보면 약 7천에서 1억 원 사이라고들 하지만 이는 그냥 풍문일 따름이고, 사실 장수하늘소는 천연기념물이기 때문에 개인끼리 마음대로 사고 팔 수도 없다. 다만 문화재청의 허가를 받지 않고 양도, 양수하거나 포획, 박제한 자는 '문화재보호법 제92조 3항'에 의거 2년 이상의 유기징역 또는 1억 5천만 원 이하의 벌금에 처한다고 명시되어 있기 때문에 역으로 말하면 최소한 1억 원의 몸값은 지니고 있다고 봐야 할 것 같다.

1960–70년대까지만 해도 장수하늘소가 일본 수집가들에게 밀매되고 있었다는 것을 아는 사람은 다 알고 있는 사실이다. 그걸 팔아서 어렵던 시절 생계를 이어간 사람도 있고 그 돈으로 공부를 하여 나중에 학자가 된 사람도 있었다. 이 사건은 1970년 11월 13일자 동아일보 사설에서도 언급된 바 있다. 이외수 씨의 중편소설 「장수하늘소」의 스토리도 이러한 당시 현실이 이야기꾼의 덫에 걸린 좋은 본보기라 할 수 있다.

소설가 이씨는 원래 경남 함양 태생이지만 강원도 인

제에서 초등학교와 고등학교를 졸업하고 춘천에서 대학
을 다녔으니 장수하늘소를 직접 보지는 못했을지라도 장
수하늘소 출현지였던 춘천에서 그야말로 장수하늘소에
대해서는 이래저래 풍문으로 많이 접할 기회가 있었을 것
이다. 1946년생인 그가 한국전쟁의 최접전지에서 초등학
교를 입학했다는 얘긴데, 그가 장수하늘소를 보았을 리
는 없다. 사실 전쟁 전까지만 해도 강원도는 분명히 장수
하늘소가 서식했던 곳이다. 지금도 강원도 춘천 추곡약

추곡약수터로 옮겨진 장수하늘소 출현지 기념 비석
[현재 비석 뒷면에는 '대한민국'이라고 새겨져 있는데 이것은
비석이 1970년대에 새로 만들었기 때문이다. 원래 1940년대에
만들었던 비석 뒷면에는 '조선총독부'라고 새겨져 있었다.]

수터에는 장수하늘소 발생지 기념비가 세워져 있는 것을 볼 수가 있는데, 이 기념비는 원래 1942년 춘성군 북산면 추전리 산 60번지에 세워져 천연기념물 75호로 지정되어 보호되다가 소양강댐 공사로 인해 수몰지구가 되면서 누군가에 의해 지금의 추곡약수터 근처로 옮겨졌다.

장수하늘소가 처음 추전리에서 발견된 시기는 1937년경 일제 치하에서였다. 알려진 바에 의하면 당시 춘천 중학생(5년제)이던 고 박시동 씨가 뒷산에 올라갔다가 생전 처음 보는 커다란 돌다래미를 보고는 학교 생물선생에게 갖다 줬는데 그 선생 역시 처음 보는 것이라 일본 본국에 동정을 의뢰하였지만 그것이 장수하늘소로 밝혀진 것은 2~3년 후의 일이었다 한다. 그도 그럴 것이 일본에는 장수하늘소가 존재하지 않기 때문에 동정하는 데 시간이 걸렸던 것 같다.

사실 이때 이미 한국에서 장수하늘소에 대해 알고 있었던 사람은 고려대학교의 조복성 교수였다. 곤충학자였던 조 교수가 장수하늘소를 처음 확인한 것은 1930년경이었으니. 그때 아마 동정 의뢰를 일본으로 하지 않고 조복성 교수한테 하였더라면 바로 장수하늘소를 확인할 수 있었을 것이다. 실제로 사이토(Saito)는 장수하늘소를 동남아종인

장수하늘소, 날개를 펴다

*Macrotoma fisheri*로 오동정하기도 했다.

아무튼 춘천 일대나 양구 등 현재 접경지역은 한국전
쟁 전까지는 장수하늘소의 서식지였으나 전쟁의 포화로
민둥산이 되고 전후에는 큰 나무들이 땔감용으로 모두 베
어진 것이 오늘날 장수하늘소가 이 땅에서 사라지게 된
큰 두 가지 원인 중 하나라고 할 수 있다.

4장

장수하늘소야
살아줘서 고마워!

1.
실험실에서
야생으로..

    2013년 실험실 조건에서 장수하늘소 인공증식에 성공한 뒤로 다시 한 번 라이프사이클에 대한 반복 실험까지 거쳤다. 이제 그 다음 단계는 야생 적응 실험이었다. 곰이나 여우 같은 포유류, 그리고 황새 같은 조류 들은 증식된 개체를 야생에서 적응 실험을 할 때 전파추적기를 달거나 또는 행동반경 내에 적외선 카메라 등을 부착해 모니터링하는 기법이 일반적이다.

    그렇다면 장수하늘소는 어떻게 야생 적응 실험을 해야 할까? 성충이 몇 년을 사는 것도 아니고, 또 그렇다고 해서 애벌레들의 활동 상황을 눈으로 볼 수 있는 것도 아니다. 짝짓기를 마친 암컷이 나무 수피 틈새에 알을 낳으면 알에서 깨어난 1령 유충은 바로 나무 속으로 파고 들어가서는

5년이 될지 7년이 될지 아득한 시간이 지난 뒤에야 성충이 되어 우리 눈에 띄게 되는 것이다. 문제는 실험실에서 월동을 시키지 않고 기르던 유충을 야생의 나무에 이식했을 때 과연 월동을 정상적으로 마치고 이듬해 번데기 과정을 거쳐 제대로 성충으로 우화할 수 있는지에 대한 검증이 필요했다. 또한 무엇보다 중요한 것은 1령 유충부터 나무에 이식했을 때 자연 상태에서는 과연 얼마 만에 성충이 되는가에 대한 의문이었다.

멸종위기에 처한 동물을 복원한다는 것은 생각처럼 그렇게 간단하지가 않다. 설사 어렵게 인공증식에 성공했다 하더라도 자연으로 방사한다는 것은 별도의 문제이기 때문이다.

이에 대한 실험은 아직까지 이루어진 적이 없었고 또한 여러 가지 정황상 개인적인 차원에서는 도저히 시도할 수도 없는 사안이었다. 자연 상태에서의 라이프사이클에 대한 정확한 생태정보를 알지 못한 상태에서 복원을 거론하는 것도 말이 안 되는 것이다.

멸종위기에 처한 동물을 복원한다는 것은 생각처럼 그렇게 간단하지가 않다. 설사 어렵게 인공증식에 성공했다 하더라도 자연으로 방사한다는 것은 별도의 문제이기 때문이다. 자연방사에는 앞서서 우선 크게 3가지의 문제가 선결되어야 하는데,

첫째는 뭐니 뭐니 해도 원종의 확보 여부이다. 즉 방사

하려는 종이 우리 것과 유전적으로 동일한지의 문제인데, 이미 멸종되어 종을 구할 수 없는 경우는 어쩔 수 없이 아종을 선택할 수밖에 없다. 중국에서 들여온 우포의 따오기와 러시아에서 들여온 지리산반달곰, 독일과 러시아에서 들여온 청주의 황새 등은 모두 아종으로 봐야 한다.

둘째는 증식된 종이 자연 상태에서 잘 적응할 수 있느냐의 문제이다. 즉 방사 이전에 대체 서식지가 이미 조성되어야 하고 방사 후에도 지속적으로 서식지 상태가 안정적으로 유지될 수 있는가 하는 점이 관건이다. 이것은 포유류나 조류 등의 경우 종별로 특성이 있어 더욱 복잡하다. 야생동물들의 영역과 위계의 문제까지 고려하지 않으면 방사하자마자 다른 무리에 섞이지 못하거나 죽임을 당할 수가 있기 때문이다. 지리산의 반달곰과 소백산의 여우 방사가 그 대표적인 사례라 할 수 있다.

셋째는 방사된 종으로 인한 자연환경 내지는 인간환경에 미치는 피해이다. 만일 지리산에 방사한 반달곰이 등산객을 상해했다고 가정하면 이는 바로 커다란 사회문제로 붉어질 것이 뻔하다. 곰으로 인한 농작물과 양봉농가의 피해를 보험 형식으로 보상은 해주고 있지만 언제까지 그런 방식을 고수해야 될지는 정부나 피해를 본 민간인이나 모두가 회의적이다.

물론 위에 나열한 모든 문제들에 대해 충분히 준비를 마친 상태라 하더라도 실제로는 미처 예기치 못한 상황이 벌어져 우리를 당혹케 하는 경우도 종종 발생하게 마련이다. 최근에 소백산에 방사한 여우는 밀렵 도구(창애)에 다리가 잘려 반 이상이 죽거나 절룩거리며 다니는가 하면 예산군에 방사한 황새는 상당수가 전깃줄에 감전되거나 낚싯줄에 칭칭 감겨 죽은 채로 발견되었다. 이런 이유로 어렵게 출발한 황새복원 프로젝트는 급기야 1년도 안 되어 중단되기에 이르렀다. 물론 초창기 때의 일이다. 지금은 곰이나 황새는 복원사업이 어느 정도 성공적으로 정착되고 있는 것 같다.

이처럼 우리 주변 환경의 악화와 인식의 부재는 멸종위기종을 복원하기 위해 평생을 바치는 소수 개인이나 단체, 정부의 노력을 물거품으로 만들고 있다. 이러한 사례들을 비추어 볼 때 장수하늘소의 앞날도 그리 밝지만은 않은 게 사실이다. 곰이나, 여우, 황새 등은 사람들이 일부러 포획하지는 않지만 장수하늘소는 얘기가 다르다. 얼마나 많은 사람들이 또 이 전설적인 곤충을 잡으러 숲 속을 뒤지고 다닐 것인가?

아무튼 장수하늘소의 인공증식에 성공을 했다 해서 곧바로 숲에 풀어줄 수는 없는 노릇이다. 그 전에 야생에서의 적응 실험이 우선되어야만 하기 때문이다. 반달곰도 인공사육을 통해 어느 정도 자라면 야생으로 돌려보내야 하는데, 그 전에 상당한 시간의 적응기간이 필요하다. 사람의 손에 의해 길들여진 포유류들이 방사 후 야생에 적응하지 못하고 다시 돌아오는 실례는 전 세계에서 수없이 많이 보지 않았던가?

물론 하등동물인 곤충이야 날 찾아 다시 돌아올 일은 없겠지만은 장수하늘소에게 야생 적응 실험이 진정 필요한 가장 큰 이유는 아직도 야생에서의 라이프사이클(생활환)이 정확히 규명되지 않았다는 점 때문이다. 즉 실험실에서 이루어진 인공증식에서는 최소 3년 8개월 또는 그 이하라는 실험적 생활환의 데이터를 얻었지만(최근에는 6~7개월까지 단축시켰다), 이는 자연 상태라면 마땅히 거쳐야 할 동절기 휴면을 겪지 않은 상태이기 때문에 실제로 야생에서의 한 살이는 과연 몇 년이 걸리는지를 먼저 확인해야만 한다. 그러기 위해서는 그러한 실험을 수행하고 모니터링할 수 있는 마땅한 장소를 선정해야 하는데 이때 가장 고려되어야 하는 사항은 이미 알려져 있는 서식지의 환경조건이다.

국립공원별 멸종위기야생동식물 증식·복원 대상종(2005)

국립공원 및 기타	포유류	조류	양서 파충류	곤충류	육상식물	종수
한라산	-	-	-	-	제주고사리삼, 암매, 자주땅귀개, 물부추, 대흥람	5종
다도해	-	-	-	비단벌레	한란, 풍란, 황근, 지네발란, 애기등, 박달목서, 끈끈이귀개, 대흥란	9종
한려	-	-	-	-	풍란, 지네발란, 나도풍란, 대흥란	4종
태안	-	-	-	물장군	매화마름	2종
변산	-	-	-	-	미선나무, 노랑붓꽃, 매화마름, 끈끈이귀개	4종
내장산	-	-	-	-	진노랑상사화, 노랑붓꽃, 백운란	3종
지리산	반달 가슴곰	-	-	-	세뿔투구꽃, 자주솜대, 기생꽃	4종
덕유산	여우	-	남생이	-	광릉요강꽃, 가시오갈피나무, 솔나리, 자주솜대	6종
가야산	-	올빼미	-	-	기생꽃, 솔나리	3종
소백산	-	-	-	-	노랑무늬붓꽃, 솔나리, 자주솜대	3종
월악산	산양	-	-	상제나비	망개나무, 솔나리	4종

속리산	-	황새	-	꼬마잠자리	미선나무, 망개나무, 연잎꿩의다리, 솔나리	6종
주왕산	-	-	-	-	둥근잎꿩의비름, 노랑무늬붓꽃, 깽깽이풀, 연잎꿩의다리, 솔나리, 망개나무	6종
북한산	호랑이, 표범	수리부엉이		-	미선나무	4종
치악산	-	-	구렁이	애기뿔 소똥구리	가시오갈피나무, 노랑무늬붓꽃, 백부자	5종
오대산	사향노루	-	-	장수하늘소	가시오갈피나무, 노랑무늬붓꽃	4종
설악산	스라소니, 대륙사슴	-	-	-	솜다리, 털개불알꽃, 홍월귤, 백부자, 가시오갈피나무, 노랑만병초, 기생꽃, 한계령풀, 솔나리, 연잎꿩의다리, 자주솜대	13종
DMZ	사향노루, 수달	크낙새	-	소똥구리	분포 멸종 위기 식물종	4종

2.
장수하늘소
복원대상지로서의
오대산 국립공원

　오대산 국립공원 지역은 한반도 내에서 북위 38도선 이남에선 광릉을 제외하고는 1970년대 이후 장수하늘소의 출현 기록이 있는 유일한 곳일 뿐만 아니라 주요 기주식물인 신갈나무와 서어나무 군락이 발달해 있기 때문에 가장 이상적인 복원대상지라 할 수 있다. 오대산에서 장수하늘소가 처음으로 확인된 것은 1971년 7월 28일, 소금강에서 배재고등학교 생물반 21기의 제30회 생물채집회(7월 26일~8월 1일) 기간 동안 발견된 것이 최초의 기록이다.

　이러한 환경적인 요인 외에도 행정적으로는 환경부가 지난 2006년 발표한 〈멸종위기 야생 동식물 증식, 복원종합계획〉에서 오대산을 장수하늘소의 복원대상지로 정한 점이 중요했다.

이처럼 과거 장수하늘소의 출현기록이 있고 또한 정책적으로도 대체서식지로서 조건을 갖춘 오대산 국립공원에 향후 자연방사 및 복원을 위한 야생 적응실험을 하기 위한 Pilot-Site를 선정하기로 했다.

오대산 국립공원은 총 면적 287.8km²에 달하는 방대한 지역으로서 평창군과 홍천군, 강릉시가 포함되어 있다. 비로봉(1,563m)을 주봉으로 하며 동대산(1,434m), 두로봉(1,422m), 상황봉(1,491m), 호령봉(1,561m), 노인봉(1,338m)으로 이어지는 능선들로 이루어져 있다. 연평균 강수량은 1,800mm 내외로서 월평균 강수량이 16.2mm이다. 1월 평균 기온은 −10.9℃이고 7월은 평균 기온이 23.8℃로서 기후는 러시아의 우수리스크와 비슷하다. 연 평균 기온은 10~13℃로서 이 역시 우수리스크의 4.9℃에 비하면 년 6℃ 이상 차이가 나는 훨씬 따뜻한 지역이라 할 수 있다.

오대산에 선정된 Pilot-Site는 우리나라 장수하늘소의 제1서식지였던 광릉과 위도상으로도 정확히 37°48'에 위치하는 곳이라는 점에 의미가 있다.

특기할 점은 오대산의 최고 온도는 33℃로서 우수리

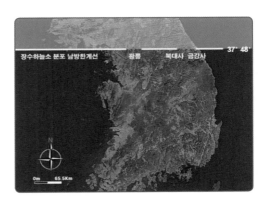

장수하늘소 분포 남방 한계선과
오대한 Pilot-Site 위치

스크의 34.6°C에 비하면 별 차이가 없지만, 1월달 최저
온도는 우수리스크가 −31.4°C인데 비해 오대산 지역은
−17.3°C로서 우수리스크보다 온도가 13°C나 높은 곳임
을 알 수 있다. 광릉의 지난 30년간(1964~1995) 겨울철 연
평균 최저기온은 −17.4°C이지만 우수리스크의 평균 최
저 기온은 −31.4°C이다. 실제로 위도가 북위 45~50도인
극동러시아에서는 한겨울에 영하 40°C까지 내려가는 일
은 예사로운 일이다. 이처럼 장수하늘소 유충은 겨울 동
안 영하 30~40°C 정도의 추위를 이겨내며 동면을 하는
데, 이는 몸에서 소위 생체부동물질이 체액을 얼지 않게
보호해주기 때문에 가능한 것이다. 물고기가 겨우내 얼음

장수하늘소 역시 이러한 부동단백질 및 당류의 작용으로 인해 러시아에서 −40℃ 이하의 혹한에서도 단백질 분자 형태가 변하지 않고 동면을 하는 것으로 이해된다.

장 밑에서 동면 상태로 있다가 해동하면 활동하게 되는 것도 이 부동물질의 역할 때문이다.

곤충이나 식물에서 세포가 얼지 않게 하는 부동물질은 우리에게 익숙한 자동차 부동액의 성분(에틸렌글리콜: $C_2H_6O_2$)과는 많이 다르다. 즉, 월동 식물에서는 분자량 10,000~60,000에 이르는 다양한 부동단백질(antifreeze protein: AFP)이 발견되고 있는데, 이러한 부동단백질은 이 부동단백질의 합성을 촉진하는 식물 호르몬(에틸렌)의 도움으로 세포벽 쪽에 축적되어, 세포막 밖에서 얼음결정이 생기지 못하게 하거나 결정 크기를 매우 작게 하는 역할을 한다.

한편 곤충의 경우 부동물질은 식물보다 더 발달하여 부동단백질뿐만 아니라, 부동 기능을 가진 당류까지도 함께 확인되고 있다. 이때 곤충의 부동단백질은 얼음결정 생성 및 성장을 막아주고, 동시에 체액의 과냉 상태를 안정화시키는 작용까지 한다. 그리하여 어떤 곤충들은 −60℃에서도 동사하지 않고 생존할 수 있게 되는 것이다.

장수하늘소 역시 이러한 부동단백질 및 당류의 작용으로 인해 러시아에서 −40℃ 이하의 혹한에서도 단백질 분자 형태가 변하지 않고 동면을 할 수 있는 것이다. 그리고 처음에 설한 것처럼, 장수하늘소가 중남미 일대에 분포하는 장수하늘소(Callipogon)의 종들과 원래 근연종이었던 것이 구북구(Palearctic)에 혼자 남게 되었다면 추운 빙하기에 적응하기 위해 스스로 진화했다고 보아야 할 것이다.

장수하늘소 유충의 동면을 자연 상태에서 유도하고 인공증식 개체의 생존력 테스트를 하는 이유는 장수하늘소 유충이 야생에 잘 적응하고 안 하고의 문제를 떠나서 자연 상태에서는 장수하늘소가 알에서 성충이 되기까지 얼마나 걸리는지에 대한 해답을 얻기 위한 것이다. 왜냐하면 도감 등에서 단편적으로 장수하늘소 유충기를 5년 내지 7년이라고는 하지만 이는 아직까지 그 누구에 의해서도 실험적으로 확인된 사항이 아니기 때문이다. 아니, 과연 누가 그걸 확인할 수 있단 말인가? 보통 하늘소의 유충기간이 2~3년이 걸리는 것들에 대해선(예: 울도하늘소나 뽕나무하늘소, 참나무하늘소 등) 이미 외국에서 연구가 이루어진 것들이 있지만 장수하늘소는 아직 확인된 바가 없다.

물론 가장 큰 이유는 장수하늘소 유충이 기주하는 나무가 대형 관목이라는 점에서 관찰이 어렵고 기간이 너무 길기 때문에 불가능했던 것이다. 어떻게 말하면 실험의 대상이 될 수도 없는 종이라고 말할 수 있다. 모름지기 실험이란 매일 매일의 관찰기록이 중요한데, 통나무 속에 있는 유충이 죽었는지 살았는지, 또는 몸무게가 늘고 있는지 줄고 있는지, 탈피는 언제 하는지 등에 대한 정보를 전혀 얻을 수 없다면 누군들 손을 대려 하겠는가. 더욱이 그 과정이 3년이 걸릴지 7년이 걸릴지 모르는 상황에서⋯⋯.

학계에서도 그동안 장수하늘소가 연구의 대상이 될 수 없었던 가장 큰 이유도 여기에 있다. 우리나라 정부의 연구비 지원 체계나 평가체계가 모두 1년 단위로 이루어지고 있으니, 살아 있는지 죽어 있는지 알 수도 없고 볼 수도 없는 대상을 연구하는 대학교수가 만약 있다면 그 사람은 매우 머리가 나쁜 사람임에 틀림없다.

나는 오대산 국립공원의 관할청인 원주지방환경청에 장수하늘소 야생적응실험을 위한 케이지가 필요하다고 역설했고 이는 당시 멸종위기야생동식물 복원사업에 역점을 둔 원주지방환경청의 코드와 맞아떨어졌다. 국립공원관리공단은 환경부 산하기관이기 때문에 서로 긴밀한 협조체제가 이루어질 수 있었다.

장수하늘소의 오대산 야생적응 실험을 위해 관련 기관들이 서로 모이게 되었다. 여기에는 국립생물자원관, 원주지방환경청, 국립공원 오대산관리사무소가 한 자리에 모였다. 오대산은 명색이 국립공원이긴 하지만 대부분이 월정사 소유의 땅이다. 따라서 아무리 국가적인 사업이라 할지라도 사유지에서 행하여지는 것이므로 월정사 측의 협조 없이는 어떤 구조물의 설치도 할 수 없는 게 현실이었다. 이렇듯 장수하늘소 복원사업에는 월정사 주지 스님까지 동참하게 되었다.

우선 케이지를 제작하기에 앞서 1년에 걸쳐 야생적응실험을 할 적당한 Pilot-Site를 어디로 정할지에 대해 오대산 국립공원 전역에 대한 심도 있는 분석과 검토를 거쳤다. 장수하늘소의 야생 생존실험을 위한 Pilot-Site의

국립생물자원관, 영월곤충박물관, 국립공원관리공단,
원주지방환경청, 월정사까지 동참한 협약식(2013.9.30일)

선정은 러시아 우수리스크 보호구역과 우리나라 광릉숲의 자연환경을 기초로 선정했다.

장수하늘소의 야생적응 실험을 위한 Pilot-Site를 오대산으로 정하기로 한 것은 환경부가 전국의 국립공원마다 상징적인 멸종위기 동식물을 복원시키기 위해 2006년에 이미 작성한 로드맵에 따른 것이었다.

최종적으로 복원을 위한 장소는 산이 깊으면 깊을수록 좋겠지만 아직 지속적인 모니터링을 해야 하는 실험단계이기 때문에 접근성이 중요한 평가항목으로 대두되었다. 반면에 등산객이나 일반인들로부터 관심거리가 되거나 훼손의 우려도 있기 때문에 통제가 가능한 것도 중요한 평가항목이었다.

장수하늘소, 날개를 펴다

3.
대체서식지
조성 및 시험
기주목 선정

　장수하늘소의 인공증식이 성공적으로 이루어지면, 향후 4~5년 뒤에는 이상적인 대체서식지를 탐색해 자연 상태에서의 복원을 사전에 계획하지 않으면 안 될 것이다. 왜냐하면 유충이 서식하기 알맞은 상태의 기주목 선정과 site 선정이 이루어지면 버섯균에 의해 나무를 부패시키거나 인위적인 케이지 시설이 필요하기 때문이다.

　오대산 지역의 신갈나무 군락은 흉고직경 60cm급이 상당수 자생하고 있었으며, 적당한 상태의 고사목들도 많이 눈에 띄었다. 하지만 향후 모니터링의 문제상, 이러한 나무들이 있다고 해서 곧바로 유충을 투입하거나 산란을 받을 수는 없는 것이기 때문에 일단은 쓰러진 나무나 절단 목을 활용하여 케이지를 만든 후 한 사이클을 관찰하는 것도 검토되어야 했다.

실제로 러시아 연구소의 경우, 쓰러진 나무를 바로 세우고 망을 씌운 뒤, 장수하늘소 암수 한 쌍을 망 안에 넣고 알을 받아 키운 적도 있다. 하지만 이 같은 방식 역시 유충기가 1년 정도의 짧은 생활사를 갖는 경우에는 유효하겠지만 적어도 4~5년 이상의 유충기를 갖는 장수하늘소를 모니터링하기에는 적합지 않다. 따라서 가장 이상적인 방안은 어느 정도 고사가 진행된 나무를 선정하여 10년 이상 활용할 수 있는 튼튼한 케이지를 만드는 방법이 좋다고 판단되었다.

시험 기주목을 선정하기 위해 우선 장수하늘소 유충들이 섭식하기에 적당한 상태의 신갈나무 고사목을 조사했다. 최종 선택된 시험 기주목들의 선정 기준은 다음의 5가지 요건을 갖춘 것으로 했다.

첫째, 직경 40cm 이상의 신갈나무 고사목일 것.
둘째, 목질의 부후도가 50% 이상 진행된 나무일 것.
셋째, 가지가 너무 경사지거나 굽지 않을 것.

장수하늘소, 날개를 펴다

오대산의 서어나무 고사목(흉고직경 약 30∼40cm)

오대산 지역의 신갈나무 고사목(흉고 직경 약 60∼70cm)

쓰러진 느릅나무를 세워 만든 실험목
(러시아 우수리스크)

넷째, 주변의 평면성이 보장될 것.

다섯째, 일반인들이 쉽게 접근할 수 있을 것.

이상의 여건을 갖춘 시험 기주목은 모두 10여 그루
가 있었으나 케이지 제작 비용상 가능한 서로 밀집된 것
을 골라 3그루만을 선정하기로 하였다. 2013년 4월에 드

장수하늘소, 날개를 펴다

디어 최종적으로 오대산 두로봉 인근 해발 1,328m에 위
치한 신갈나무 고사목 세 그루를 최종적으로 선정했다.

　실험 케이지의 설계는 내가 직접 했다. 가장 고려해야
할 사항은 장수하늘소 성충이 나무를 뚫고 나오면 절대
밖으로 도망가지 못하도록 해야 하며, 또한 외부로부터는
기생벌이나 천적인 조류가 침입하지 못하도록 망을 2중
으로 치는 것이다. 지붕은 비가 오면 나무에 그대로 내려

선정된 기주목의 원래 모습

Pilot Site의 입구 모습

수분을 흡수해야 하고 겨울철에는 눈이 쌓이지 않도록 아크릴로 경사지붕을 만들었다. 바닥은 모니터링이나 촬영이 용이하도록 데크를 깔았으며, 그루터기 부분이 수평이 안 맞는 부분은 만일을 대비해 철망으로 막았다.

장수하늘소 유충은 나무의 뿌리 부분에서 많이 발견되기도 하는데 이는 영양분이나 수분이 줄기 쪽보다 많기 때문인 것으로 추정되고 있다. 따라서 뿌리 쪽을 뚫고 나올 경우를 대비해 발판 아래 부분도 철저히 봉쇄했다. 케이지는 모두 3동을 만들었는데 크기는 동일하게 가로 5.3m×세로 4.8m×높이 6m의 크기로 제작했다.

생존실험 케이지 제작과정
[기존의 고사목의 잔가지를 잘라내고 그 위를 철망으로 덮는 방식이다.

4.
야외적응 실험에
성공하다

케이지 완성 후 실험 개시를 위해 애벌레를 투입하는 D-day가 2013년 9월 30일로 확정되었다. 생존가능성 실험을 위해 증식되어 사육 중이던 노숙유충 2개체와 2013년에 증식된 초령유충 10개체를 선별해 케이지 내의 기주목에 투입하기로 했다. 노숙 유충 2개체는 2011년 국외(평안북도 천마산)로부터 도입된 성충들에게서 증식된 개체들로서 동면이 없는 인공증식 조건 하에서 사육된 개체들이었다. 초령유충 10개체의 경우에는 2009년(북한 자강도 승적산) 도입된 성충들의 F2 세대들로 2013년에 산란되어 부화된 개체들이었다. 과연 1령 유충이 언제 성충으로 우화해 나오는

Cage A 선정 기주목

잔가지를 정리하고 완성된 Cage A 외부

Cage B 선정 기주목

잔가지를 정리하고 완성된 Cage B 내부

선정된 기주목과 완성 후 케이지 모습

지가 실험의 가장 핵심이었다.

2013년 9월 30일, 드디어 실험실에서 키우던 유충을 오대산 케이지에 투입하기로 하고 A, B동에 각각 1마리씩의 종령유충을, C동에는 10마리의 1령 유충을 드릴로 구멍을 뚫어 투입하였다. 유충은 머리만 밀어 넣으면 자기가 알아서 안쪽으로 쑥쑥 밀고 들어갔다. 오대산에 장수하늘소 유충을 투입하는 일은 사회적으로 커다란 이슈가 되었다. 방송사들도 여태껏 벌레를 나무에 이입시키는 일은 뉴스로 다뤄 본 적이 없었기 때문에 흥미진진한 시각으로 취재했다.

오대산의 9월 말 날씨는 그야말로 매서웠다. 더우기 실험 케이지가 설치된 곳이 산마루 부분이라서 바람까지 세차게 불어 참석한 사람들 모두 입술이 파랗게 물들었다. 행사는 1시간여 만에 끝이 나고 나는 연구원들과 함께 영월로 복귀했다. 돌아오는 길은 집에서 옥이야 금이야 기르던 딸자식을 떠들썩하게 시집보내고 쓸쓸히 집으로 돌아가는 친정 엄마의 심정과 크게 다르지 않았다. 물론 잘 살아달라는 기원 역시 마찬가지였다.

다음날, 유충을 투입한 지 하루도 채 안 되어 오대산사무소 측으로부터 다급한 목소리로 연락이 왔다. 유충이 투

생존실험 케이지 내부사진

생존실험 케이지 3개동 외형

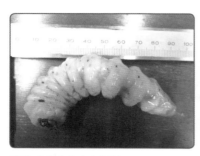

종령 유충 (케이지 A용),
105mm, 31.45g(평북 천마산産)

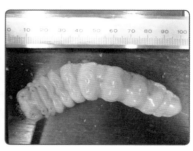

종령 유충 (케이지 B용),
120mm, 28.22g(평북 천마산産의 F₁ 세대)

초령 유충(케이지 C용)
10~12mm, 0.5~1.5g, 10개체

바이알에 담겨진 1령 유충
(자강도 숭적산産의 F₂ 세대)

실험 케이지 내 신갈나무 고목에 투입할 장수하늘소 유충들

입구 쪽 바닥에 떨어져 있다는 것이었다. 나는 놀라서 꼬
불꼬불한 영월–평창간 산악도로인 원통재(지금은 평창동계올
림픽 때 터널이 뚫렸다)를 총알처럼 달려갔다. 현장은 오대산 국
립공원 사무소에서도 등산로로 1시간을 더 가야 했다. 올
라가 보니 정말 종령 유충 한 마리가 바닥에 떨어져 있는

것이었다. 케이지 B에 투입된 유충이 나무를 파고 들어가다 되돌아 나온 것이었다. 하마터면 터져 죽을 뻔했다. 자세히 올라가 관찰해보니 그 나무는 심부가 썩어서 구멍이 뚫어져 있었다. 애벌레가 안으로 들어가다가 허공이 나오자 다시 뒤돌아 나온 것이었다. 그래서 다시 빠져나오지 못하도록 미리 준비한 플라스틱 카버로 투입구를 막아뒀다. 그해 겨울 오대산은 많은 눈과 한파가 케이지를 휘몰아쳤다.

사실상 하늘소류 유충의 야외생존 실험은 기존까지 전혀 시도되지 않은 최초의 실험으로서 곰이나 여우 혹은 조류처럼 몸집이 큰 야생동물의 경우에는 몸에 센서를 부착해 생존 여부의 확인이나 이동 현황을 비교적 손쉽게 파악할 수 있지만 장수하늘소와 같은 작은 동물, 게다가 나무 속에서 생활하는 생태적인 특징상 생존 여부 파악을 위한 모니터링 방법 자체도 고안해 내기 어려운 상황이다.

장수하늘소 유충은 알에서 부화하자마자 원목 속으로 파고들어가 성충이 되어 나올 때까지 수년간 나무 속에서만 생활하기 때문에 생장 과정에 대한 야생 상태의 모니터링은 다른 어떤 동물의 경우에 비해 결코 용이하지 않다. 따라서 현실적인 최선의 모니터링 방법은 케이지 내부 및 외부에 설치되어 있는 온습도 데이터로거(data logger)기로

무인카메라

온도습도 측정 장치

모니터링을 위해 설치된 카메라 및 미기후 측정장치

1) 드릴로 천공하였다

2) 애벌레를 투입하였다

3) 애벌레가 완전히 들어갔다

4) 투입 후 입구를 막았다

유충들을 케이지 안의 신갈나무에 투입하는 장면(2013.9.30.

부터 수집한 수치를 취합하는 것과 무인 적외선 카메라로 성충의 우화 장면을 포착해 얻을 수 있는 생태 정보가 전부라 할 수 있다. 하지만 그마저도 그 당시 사용했던 무인 카메라는 포유동물 관찰용이었기 때문에 크기가 작은 장수하늘소가 제대로 찍힐지는 의문이었다.

유충을 투입한 지 1년이 거의 다 된 2014년 8월 6일, 나는 장수하늘소가 나왔을지도 모른다는 생각에 원주환경청 직원들과 함께 케이지 점검도 할 겸 합동 모니터링길에 나섰다. A동 검사를 마치고 B동 케이지에 들어간 지 채 1분도 안 지났을 때였다. 옆에 있던 국립공원 직원이 "장수하늘소다" 하고 소리를 지르는 거였다. 어디, 어디? 하고 모두들 눈을 크게 뜨며 그 친구 손가락 가리키는 방향을 보니 진짜로 장수하늘소 한 마리가 떡! 하고 이미 나와 케이지 철망에 붙어 있는 게 아닌가. 커다란 암컷이었다. 지난해 애벌레로 들어가 추운 겨울을 나고 이듬해 7월경 번데기가 되었다가 8월 초에 성충으로 우화한 것이다. 몇 년 동안을 장수하늘소 우화공(성충이 나무를 뚫고 나온 구멍)을 찾아 헤맸었는데 실제로 확실한 우화공을 보니 감개가 무량하였다.

드디어 야생적응 실험이 당초 기획한 대로 대성공을 거둔 것이다. 그리고 그 결과가 이렇게 빨리 나올 줄도 몰

인공증식 후 오대산 신갈나무 속에서 월동을 하고 이듬해 성충
이 되어 나온 장수하늘소 (8월 6일 3:21분 발견 당시 모습)

랐다. 기특하고 영특한 녀석! 벽에 붙어서 나를 낯설게 경
계하는 녀석이 보면 볼수록 대견스럽고 사랑스러웠다. 그
러고 보니 작년에 집어넣었던 구멍에서 나와 바닥에 떨어
졌던 바로 그 녀석(암컷임)이었다.

　우린 곧바로 케이지에 설치된 카메라의 메모리카드를
회수해 사무실로 내려왔다. 장수하늘소가 언제 나왔는지,
어떻게 뚫고나왔는지 궁금하기 짝이 없었다. 그런데 한참
컴퓨터에 앉아 있던 공원 관리사무소 직원의 표정이 별로
안 좋았다. 우리가 바라던 중요한 장면이 찍히지 않은 것
이었다. 알고 보니 우리가 설치한 카메라는 곰이나 호랑
이 같은 포유류 찍기용이기 때문에 작은 크기의 장수하늘

생존실험 케이지에서 우화한 장수하늘소(투입구와 우화공)
투입구에서 불과 30cm밖에 떨어지지 않은 위치에서 뚫고 나왔다.

생존실험 케이지 내에서 우화한 장수하늘소 암컷

소가 구멍을 뚫고 나오는 장면은 잡히지 않았던 것이다. 다만, 불행 중 다행인 점은 탈출공이 생긴 날과 없던 날이 하루 차이로 사진이 찍혀 있었기 때문에 이 '장순이'의 생일이 8월 1일 아니면 2일이라는 것만은 확실히 알게 되었던 것이다. 그것만도 얼마나 다행한 일인가?

2014. 8. 26 바닥에 떨어져 폐사한 암컷(생존기간 24일)

성충은 82.4mm였다.

투입구(왼쪽)과 우화공

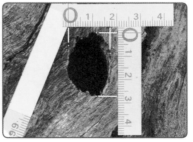

우화공의 크기
(긴 방향: 3.2cm, 짧은 방향: 1.2cm)

실험 케이지 내에서 우화한 장수하늘소 암컷과 우화공

장수하늘소, 날개를 펴다

08-01-2014, 13:16:56; 80°F, 26℃

아직 나오지 않았다(부분확대)

08-02-2014, 10:26:48; 73°F, 22℃

이미 구멍을 뚫고 나왔다(부분 확대)

08-06-2014, 15:23:00; 64°F, 17℃

구멍 뚫을 때 같이 잘린 노끈(부분 확대)

케이지 탈출공 (2014년 8월 1일 오후 1시 17분에서 2일 오전 10시 26분 사이에 나왔음을 알 수 있다)
장수하늘소는 나오면서 마치 테이프 커팅식이라도 치른 것처럼 이빨로 노끈을 끊고 나왔다.

2014년 늦여름, 비록 장수하늘소 한 마리가 종령 유충 상태에서 오대산 케이지에 들어간 지 1년 만에 성충으로 우화해 나오기는 했으나 그 유충은 이미 2년 이상 실험실에서 키우던 것이었기 때문에 아무래도 자연 상태에서 알부터 성충이 되기까지 얼마나 걸리는지를 알기 위해서는 처음부터 다시 확인할 필요가 있었다. 그래서 2015년 10월에 국립생물자원관과 원주지방환경청, 영월곤충박물관 3자가 공동으로 제2차 실험에 착수하기로 하고 1령 유충 십여 마리를 투입했다. 이때 투입된 유충의 부모 개체는 2014년 함경남도 신포 묵방산(1,009m)에서 채집된 개체의 후손이었다.

　　그리고 나서 5년이란 시간이 흘렀다. 2020년 8월 19일, 오대산 국립공원 측에서 흥분된 목소리로 전화가 왔다. 장수하늘소 케이지에 모니터링 하러 들어갔다가 전에 못 보던 커다란 구멍이 하나 뚫려 있어서 케이지 구석구석을 둘러보니 장수하늘소 1마리가 이미 나와서 벽에 붙어 있었다는 것이다. 이번엔 수컷이란다. 나는 영월에서 오대산까지 단숨에 차를 몰고 2시간을 달렸다. 물론 짝짓기 시킬 신부감을 데리고 가는 것도 잊지 않았다. 암컷이 또 나올 수도 있겠지만 안 나올 수도 있기 때문에 지금 나온 수컷과 연구소에서 기르던 암컷을 짝짓기 시켜 대를 잇기 위함이었다. 짝짓기 시킬 암컷 역시 북한 출신으로서 2008년 자강도에서 채집된 부모개체의 후손이다.

지루한 장맛비가 두 달이나 지속되던 차라 길이 많이 패여 있을 줄 알았는데 바로 몇 일 전에 보수를 하여 비포장을 달리는데도 장수하늘소를 운반하기에 큰 문제는 없었다. 철제 케이지 문을 여는 순간 나무 위에서 점박이 수컷이 떡 버티고 나를 응시하고 있는 모습을 보니 찡한 감동이 몰려왔다. 우선 탈출공을 확인했다. 구멍은 생각보다 작았으며, 생김새도 약간 직사각형으로 뚫려 있었다. 수컷의 크기는 8센티 정도로 대형은 아니었다. 준비해간 젤리를 나무에 발라 충분히 배를 채우게 한 뒤 암컷과 선을 보게 했다. 사실 수컷이 정확히 언제 우화했는지를 알 수 없기 때문에 교미를 시도하는 것이 조심스럽기도 했다. 왜냐하면 곤충은 아성숙기간이 필요해서 성충이 된 후 적어도 1주일이나 열흘 이상이 지나야 짝짓기가 되는 종들이 많다. 나방의 경우는 암컷이 번데기에서 성충이 되기도 전에 페로몬에 끌려온 수컷들이 여러 마리씩 몰려들어 암컷이 우화하자마자 짝짓기에 들어가는 종들도 있지만 딱정벌레들의 대부분은 성숙기가 필요하다. 그렇지 않으면 서로 물어뜯거나 죽이기도 하는 일이 비일비재하다. 비단벌레의 경우도 암수 한 쌍을 합방시키고 다음날 뚜껑을 열어보면 어느 한 쪽이 더듬이, 다리 다 잘리고 몸뚱이만 남아 뒤집혀서 바동거리는 경우도 있었다. 조심스럽게 짝짓기를 유도했지만 수컷이 아직 준비가 안 되었는지 경계를 풀지 않고 오히려 치열하게 싸우기까지 하였다. 이러다 한쪽이 더듬이가 잘려나가지나 않을까 걱정되어 손으로 떼어 격리시키고 조금 흥분을 가라앉게 하였다. 암컷 역시 2주일 전에 우화한 것이라 문제는 없는 상황이었지만 비포장 길을 1시간 이상 출렁거리면서 올라왔기 때문에 사육통 안에서 극도로 스트레스를 받은 것 같았다. 케이지 안에서 3시간 정도 짝짓기를 시도해 봤지만 잘 이루어지지 않아서 어두워져 더 이상 계속하지 못하고 하산하기로 하였다. 오는 길 내내 깊은 생각에 잠겼다. 아무래도 신부감을 하나 더 데려와야겠다고 생각했다. 궁합이 잘 안 맞는 경우도 있으니까…

25일, 다른 암컷 한 마리를 더 챙겨서 올라갔다. 이번에도 처음엔 경계를 하더니 다행히 짝짓기가 30여 분만에 성사되었다.

2020년 8월 오대산에서 우화한 수컷(위)과 영월에서 인공증식된 암컷(아래).
처음엔 약간의 긴장감이 돌았다.

수컷이 조심스럽게 반 바퀴 돌더니 암컷 등 위로 자리를 잡는다.

장수하늘소, 날개를 펴다

30분 만에 드디어 성공적으로 짝짓기가 이루어졌다.

이제 또다시 5년 정도의 인내의 시간이 필요하다. 이번 반복 재현 실험을 통해 자연 상태에서의 생활환이 검증되면 그때는 케이지가 아닌 자연으로 방사를 할 수 있을 것이다. 지난 수천만 년 동안 장수하늘소는 이런 식으로 숲의 일원이 되어 이 땅에 살아왔던 것이다. 앞으로도 영원히 우리 숲의 전설로 살아남길 바란다.

에필로그

　나는 교회를 나가지 않는다. 왜냐하면 나는 죽으면 이미 천당 가기는 틀렸고 보나마나 지옥으로 갈 것이 뻔하기 때문이다. 그것도 온통 바늘로 둘러 싸여 이리 찔리고 저리 찔리는 바늘지옥으로 갈 것 같은 '불길한 예감'이 든다. 내가 바늘지옥으로 직행할 것 같다는 생각이 드는 이유는 그동안 곤충표본을 만든답시고 수많은 아름다운 생명들의 등짝에 차갑고 예리한 바늘을 무척이나 찔러댔기 때문이다. 인도불교 경전 중 〈대비바사론(大毘婆娑論)〉에 의하면 수미산 남쪽 섬부주(贍部洲)에는 128개나 되는 각종 지옥이 있는데, 그 중에는 죄인의 몸에 쇠못을 박는 고

통을 주는 정철지옥(釘鐵地獄)이라는 곳이 있다 한다―아무래도 난 왠지 이쪽으로 가게 될 것만 같은 예감이 든다. 정철지옥의 옥졸들은 죄인의 몸을 깔아뭉개고 앉아 머리채를 움켜잡고는 커다란 못을 천천히 죄인의 머리에 꽂는다 한다. 내가 늘 나비 몸통에 바늘을 꽂던 것처럼……왼손에는 나비의 가슴을 누르고 오른 손으로는 바늘을 고른다. 바늘은 굵기 순으로 00호부터 01, 02, 03, 04, 05호까지 6가지가 있는데 그 중에서 나비 몸통의 크기에 따라 적당한 것을 고르게 된다. 그리고는 가슴 정 중앙에 바늘 끝을 갖다 대고 찌르는데, 그것도 한 번에 가슴을 제대로 관통한 나비는 운이 썩 좋은(?) 편이다. 바늘을 꽂고 나서도 나비 날개와 바늘이 정확히 수직을 이루지 않으면 몇 번이고 빼서 다시 찔러야 하는데, 이럴 때마다 내 가슴에 밀려오는 죄책감은 배가 되곤 한다. 얼마나 아플까? 저항할 아무런 힘도 없고 애초에 태어날 때부터 무는 입조차 허락받지 못한 나비들은 내 손아귀에서 이렇게 무방비 상태로 아름다운 죄(?) 값을 치러야만 했던 것이다. 그래서 나는 지금도 박물관 전시 케이스 속에서 살아 있을 때보다도 더 당당하게 날개를 활짝 펴고 자신의 아름다움을 사람들에게 맘껏 과시하는 나비들을 볼 때마다 늘 고마움

장수하늘소, 날개를 펴다

과 미안함을 함께 느낀다.

몇 년 전인가 장수하늘소 야생적응실험 케이지가 설치되어 있는 오대산에 모니터링을 하러 갔을 때였다. 인근에 월정사 북대암이라는 암자가 있는데 주지이신 덕행 스님께 인사 드리러 갔었다. 스님과는 수년 전 바리케이드 통행문제로 신나게 언성을 높이며 싸우고 난 뒤 서로 친해졌다. 국립공원에 하도 이상한 사람들이 자주 잠입하여 야생화니 약초니 마구잡이로 캐가는 통에 진주에서 예까지 도 닦으러 오신 주지스님은 제대로 수행에 전념을 못하시고 매일 바리케이드 열쇠 비밀번호를 바꾸시느라 여념이 없었다. 나를 반기며 차를 권하시는 스님에게, "스님, 저는 나중에 한번 천도제(薦度祭)를 크게 지내 그동안 제 손 끝에서 죽은 많은 미물들의 영혼을 달래주려 합니다."했더니 스님께서는, 내 말이 끝나기도 전에 손사래를 치시며 "아니야! 그렇게 생각할 것 없어! 불교에서 살생이란 맹목적인 것, 또는 복수를 위한 살인 등을 경계하는 것이지 학문을 위해 어쩔 수 없이 죽여야 하는 것은 크게 죄가 되지 않는 법이야." "더구나 당신은 지금 멸종이 된 장수하늘소를 다시 복원하는 커다란 덕행을 쌓고 있는데, 그것 하나만으로도 지금까지 모든 업을 소멸하기에 충분해!!" 하시는 것이었다. 아! 얼마나 듣고 싶었던 말인가. 그리고 얼마나 위안이 되는 말인가? 사실 내가 2002년 박물관을 차리면서부터는 곤충을 잡는 일보다는 멸종위기에 처한 곤충들을 증식하고 복원하는 일에 더 치중해온 것이 사실이다. 그래서 붉은점모시나비, 물장군, 두점박이사슴벌레, 상제나비 등, 멸종위기종으로 지정된 여러 곤충들의 인공증식을 국내 최초로 성공했으며, 한때는 이미 이 땅에서 완전히 멸종해버린 왕소똥구리(Scarabaeus typhon)를 복원하기 위해 스페인, 불가리아, 조지아, 카자흐스탄, 몽골, 중국 등을 이 잡듯이 뒤지고 다닌 적도 있었다.

여기저기서 너무 자주 쓰인 통에 이제는 상투적인 말이 되어 더 이상의 경각심도 없겠지만, 이 지구라는 푸른 행성은 우리 인간의 전유물이 아니다. 우린 그저 130여만 종이 살고 있는 다른 여러 생명체들처럼 아름다운 행성 지구의 일개 구성원에 불과할 뿐이다. 그리고 우리에겐 다른 구성원을 사라지게 할 일말의 권한도 신으로부터 부여받지 못했다. 장수하늘소가 이 땅에서 사라지게 된 것은 자의든 타의든 간에 분명 우리 세대의 책임이다. 그리고 무엇보다도 우리의 후손들은 선조들이 보았던 이

작은 거물 장수하늘소에 대해 알 권리가 있고 또 우리는 그들에게 잘 보존하여 물려줄 의무가 있다. 그것이 곰이든, 여우든 장수하늘소든 어느 것 하나 더 중요하고 덜 중요한 것은 없다. 장수하늘소가 2억 년 전부터 원래 이 땅에 살고 있었는지? 아니면 마지막 빙하기 때 베링 육교(Beringia)를 넘어 중남미 대륙으로부터 넘어왔는지? 또는 수천 만 년 전에 쓰나미 데브리(debris)에 떠밀려와 동북아에 정착했는지에 대한 생물지리학적 의문은 여전히 미제로 남겨져 있지만 원시 인류가 한반도에 발을 디디기 훨씬 이전부터 이 땅에서 살아왔던 동북아 최대의 갑충을 이런 식으로 멸종되도록 방관할 수는 없다. 왕소똥구리의 사례를 교훈 삼아 이 전설적인 곤충 장수하늘소를 우리 후손들도 오래 오래 이 땅의 숲에서 만나볼 수 있도록 다 같이 노력해야 할 것이다.

끝으로, 장수하늘소 복원사업을 위하여 지난 15년간 각종 행정적 지원을 아끼지 않으신 국립생물자원관, 원주지방환경청, 오대산 국립공원 관계자들께 감사드리며 복원센터 건립과 운영을 위해 재정적, 제도적 지원을 해주신 문화재청과 영월군에 깊이 감사드린다. 무엇보다도 지난 수년간 지속적으로 장수하늘소 연구비를 후원해주신 S-Oil의 후세인 A. 알−카타니 CEO님과 회사 임직원들께 깊은 사의를 표하는 바이며, 이미 다 흩어져버린 지난 노력들을 이렇게 책으로 엮어 독자와 만날 수 있도록 끝까지 포기하지 않고 인내해 주신 성균관대학교 출판부 신철호 편집장님께도 진심으로 감사의 말씀을 전하는 바이다.

6m 높이의 케이지 내 기주목을 관찰하고 있다.

장수하늘소
날개를 펴다

초판 1쇄 인쇄 2021년 4월 27일
초판 1쇄 발행 2021년 4월 30일

지은이 이대암
펴낸이 신동렬
펴낸곳 성균관대학교 출판부
책임편집 신철호
편   집 현상철·구남희
마케팅 박정수·김지현

등록 1975년 5월 21일 제1975-9호
주소 03063 서울특별시 종로구 성균관로 25-2
대표전화 02)760-1253~4
팩스밀리 02)762-7452
홈페이지 press.skku.edu

ISBN 979-11-5550-396-6 03490

잘못된 책은 구입한 곳에서 교환해 드립니다.